高等院校艺术设计类系列教材

UI设计

田雅岚　刘　伟　主编

清华大学出版社
北京

内 容 简 介

本教材以培养全方位用户界面 (UI) 设计人才为教学目标进行编写，理论和实践紧密结合，详细解读了用户 UI 设计理论与方法。本书注重培养读者的产品思维、用户思维和交互思维模式与应用实践能力，内容涵盖 UI 设计概念，以用户为中心的设计理念，交互设计，UI 视觉元素设计，软件、移动 App、网页、游戏 UI 设计以及用户 UI 设计项目流程解析。

本书内容翔实、案例丰富、图片精美，可作为高校和培训机构等相关专业课程的实验和实训教材，也适合对 UI 设计感兴趣或未来想从事 UI 设计相关工作的读者阅读。

图书在版编目(CIP)数据

UI设计 / 田雅岚，刘伟主编. —北京：清华大学出版社，2023.4(2025.1 重印)
高等院校艺术设计类系列教材
ISBN 978-7-302-63333-4

Ⅰ. ①U… Ⅱ. ①田… ②刘… Ⅲ. ①人机界面—程序设计—高等学校—教材 Ⅳ. ①TP311.1

中国国家版本馆CIP数据核字(2023)第061112号

责任编辑：孟 攀
封面设计：杨玉兰
责任校对：吕丽娟
责任印制：刘海龙
出版发行：清华大学出版社
网　　址：https://www.tup.com.cn, https://www.wqxuetang.com
地　　址：北京清华大学学研大厦A座　　**邮　　编**：100084
社 总 机：010-83470000　　**邮　　购**：010-62786544
投稿与读者服务：010-62776969, c-service@tup.tsinghua.edu.cn
质量反馈：010-62772015, zhiliang@tup.tsinghua.edu.cn
课件下载：https://www.tup.com.cn，010-62791865
印 装 者：三河市君旺印务有限公司
经　　销：全国新华书店
开　　本：190mm × 260mm　　**印　　张**：12.25　　**字　　数**：291千字
版　　次：2023年 4 月第1版　　**印　　次**：2025年 1月第 4 次印刷
定　　价：49.80 元

产品编号：092411-01

Preface 前言

编写本书的初衷是为了充盈用户界面(UI)设计课程的教学材料，立足于培养全方位UI设计人才，以符合UI设计教学的新需求和全面性原则为目的。UI设计具有多学科交融的特点，以作者多年来的教学经验，深感UI设计不能只注重技能的培训，而更应该注重设计思维能力的培养。UI设计课程绝对不只是技能课程，其更重要的教学目的是注重学生产品思维、用户思维和交互思维模式的形成。有了这些底层逻辑，再与视觉设计素养结合，学生设计出的界面作品才能真正成为符合用户和市场需求的产品。

本书注重培养学生思维模式和应用实践能力的培养，内容涵盖了UI设计概念，以用户为中心的设计理念，交互设计，界面视觉元素设计，软件、移动App、网页、游戏UI设计以及用户UI设计项目流程解析。本书内容翔实、案例丰富、图片精美，详细解读了用户UI设计理论与方法，可作为高校和培训机构等相关专业课程的实验和实训教材，也适合对UI设计感兴趣或未来想从事UI设计相关工作的读者使用。

本书共分为9章，具体安排如下。

第1章关于UI设计，介绍用户UI概念，图形UI的发展历程，以用户为中心的设计概念和交互设计概念。

第2章详细讲解以用户为中心的设计，包括用户体验、用户研究和以用户为中心的产品策划，其中包括用户角色建立、累积用户需求池、撰写人物简介、编写用户使用情境等内容。

第3章主要讲解交互设计，包括人机交互概念、现状与未来发展，交互设计思维、信息架构、流程图以及原型图设计等内容。

第4章讲解UI中的视觉元素，包括色彩、文字、图片、图标、控件元素以及交互状态等内容。

第5章介绍软件UI设计与交互的规则和规范、设计原则等内容。

第6章介绍移动App UI的设计概念、设计风格、设计原则，分别介绍了iOS、Android、Harmony OS(鸿蒙)三个系统的UI设计规则与规范以及切图规范等内容。

第7章讲解网页UI设计的常用术语，设计风格，网页的分辨率与自适应，网页的布局、字体与切图等内容。

第8章讲解游戏的分类，游戏UI的独特性，游戏UI的职能，UI设计前期工作，游戏UI设计原则，手游UI设计的局限性和注意事项等内容。

第9章讲解用户UI设计项目案例流程，包括产品定位、交互设计、视觉设计、后期测试与维护等内容。

本书特色如下。

- 知识涵盖广泛。专门增设国内系统平台新秀Harmony OS(鸿蒙)的设计规范，同时注重塑造读者的产品思维、用户思维和交互思维模式的形成。对UI视觉元素分门别类地详细讲解设计原则以及设计方法，对软件、移动App、网页和游戏UI设计进行全面系统的讲解，带领读者了解整个用户界面项目的制作流程。
- 针对性强。专门为高校教师与学生编写，知道教学设计重点，可作为高校和培训机构等相关专业课程的实验实训教材。
- 案例丰富、图片精美，适合对UI设计感兴趣或未来想从事UI设计相关工作的读者阅读。

本书主要由重庆文理学院美术与设计学院教师及马来西亚新纪元大学学院在读博士田雅岚统筹主编。感谢刘伟编写本书第8章和第9章；感谢重庆第二师范学院李贤老师和殷源同学提供本书最后一章的项目案例；感谢郑志翔对本书构架提出建设性的修改思路。在此还要特别感谢陈龙国院长为本书做出审读意见；感恩重庆文理学院美术与设计学院的司桂松、迟凤利、刘晓晔、邓兴兴、刘春阳、任龙泉、贺鑫晨、刘敬彪、黄彪和尹丹在成书过程中给予的建议与帮助。

因编者水平有限，书中难免存在疏漏和不足之处，敬请广大读者、同人和专家批评指正。

编　者

Contents 目录

第 1 章 UI 设计 1

1.1 用户界面 2
1.2 图形 UI 2
1.2.1 Windows 操作系统图形 UI 的发展过程 2
1.2.2 手机设备与图形 UI 的发展 8
1.3 UI 设计 11
1.4 以用户为中心的设计 13
1.5 交互设计 14

第 2 章 以用户为中心的设计 17

2.1 用户体验 18
2.1.1 用户体验决定成败 18
2.1.2 好的用户体验原则 19
2.2 用户研究 20
2.2.1 用户是谁 20
2.2.2 心理模型和表现模型 20
2.2.3 数字化生活方式 21
2.3 建立用户角色的重要性 22
2.3.1 开发者与用户不同 22
2.3.2 设计要有针对性 22
2.3.3 人物角色使“以用户为中心”落到实处 22
2.3.4 人物角色可以减少争论，提高效率 22
2.4 产品规划前期 23
2.4.1 产品规划时效 23
2.4.2 明确产品价值和定位 23
2.4.3 明确产品生命周期 23
2.4.4 明确产品对象和终端 24
2.5 积累用户需求池 24
2.5.1 访谈或问卷调研用户 24
2.5.2 用户使用路径分析 25
2.5.3 根据业务模块穷举法 25
2.5.4 其他渠道 25
2.6 建立有价值人物角色类型 25
2.6.1 人物角色数量 26
2.6.2 人物角色需求分级 26
2.7 人物角色简介 26
2.7.1 人物角色要具体化 26
2.7.2 编写人物角色简介 27
2.8 编写用户情境 27
2.8.1 用户情境的典型一天 27
2.8.2 编写用户情境 28

第 3 章 交互设计 29

3.1 人机交互 30
3.1.1 人机交互三要素 30
3.1.2 人机交互现状与未来 30
3.2 UI 中的交互设计思维 32
3.2.1 信息传递 32
3.2.2 交互行为 32
3.2.3 交互行为的变革 33
3.2.4 情感化设计 35
3.3 信息架构 36
3.3.1 信息架构师 36
3.3.2 信息架构目标 36
3.3.3 信息的选择与组织 37
3.3.4 界面导航设计 39
3.4 流程图 41
3.4.1 流程图的基本构成和常用符号 41
3.4.2 交互流程图 42
3.4.3 制作流程图常用软件 42
3.5 交互原型设计 42
3.5.1 低保真原型设计 42
3.5.2 高保真原型设计 44

第 4 章 UI 视觉元素 47

4.1 色彩元素 48
4.1.1 色彩属性 48
4.1.2 色彩搭配的黄金法则 50
4.1.3 色彩搭配与界面风格 51
4.2 文字元素 54
4.2.1 标题类文字 54
4.2.2 正文类文字 57
4.2.3 提示类文字 60
4.2.4 交互类文字 60
4.2.5 行为召唤语句 61
4.2.6 文字动画 62
4.3 图片元素 63
4.3.1 界面中图片的种类 63
4.3.2 选择图片的原则 65
4.3.3 图片常见比例 67
4.4 图标元素 69
4.4.1 图标的概念 69
4.4.2 图标设计原则 70
4.4.3 图标设计的注意事项 72
4.4.4 图标的视觉造型风格 72
4.4.5 图标制作 74
4.5 控件元素 75
4.5.1 控件与图标的区别 75
4.5.2 控件设计的注意事项 76
4.5.3 常见的控件元素 76
4.6 视觉元素的交互状态 79

第 5 章 软件 UI 设计 81

5.1 软件 UI 设计尺寸 82
5.2 软件的欢迎界面 82
5.3 软件的主界面 84
5.3.1 Top Frame 区 85
5.3.2 菜单栏和工具栏 85
5.3.3 功能模块区 86
5.3.4 工作区 87
5.3.5 状态信息区 87
5.4 软件界面的设计原则 87
5.4.1 界面与功能的适合性 87
5.4.2 界面意图容易理解 88
5.4.3 及时反馈信息 89
5.4.4 防错处理 89
5.4.5 风格一致和必要的个性化 90
5.4.6 合理的布局 90
5.4.7 合理的色彩 91
5.4.8 适应用户群体和国际化 92
5.4.9 最高效率 92
5.4.10 可复用 93
5.5 软件界面各元素设计的基本规则 93
5.5.1 字体设计的基本规则 93
5.5.2 菜单界面设计的基本规则 93
5.5.3 命令按钮设计的基本规则 94
5.5.4 工具条和图标按钮设计的基本规则 94
5.5.5 提示信息设计的基本规则 94
5.5.6 单选按钮设计的基本规则 95
5.5.7 复选按钮设计的基本规则 95
5.5.8 输入框和文本域设计的基本规则 96
5.5.9 组合下拉框和列表框设计的基本规则 96
5.5.10 多页选项板设计的基本规则 96
5.5.11 数据表格设计的基本规则 97
5.5.12 日期控件设计的基本规则 97
5.5.13 软件对话窗口设计的基本规则 98
5.5.14 软件消息框设计的基本规则 98
5.6 窗口的交互规则 100
5.6.1 一般规则 100
5.6.2 焦点规则 101
5.6.3 选择规则 101

第 6 章 移动 App UI 设计 103

6.1 移动 App UI 设计概念 104
6.2 移动 App UI 设计的风格类型 104
6.3 移动 App UI 的设计原则 106
6.3.1 审美完整性原则 106
6.3.2 一致性原则 106
6.3.3 直接操作原则 106

6.3.4 提供反馈原则 106
6.3.5 隐喻的原则 107
6.3.6 用户控制原则 107
6.4 移动智能设备 107
6.5 移动智能设备的操作系统 107
6.6 iOS 系统 UI 设计规范 108
6.6.1 iOS 常用术语 108
6.6.2 iOS 设计尺寸 110
6.6.3 iOS 适配 111
6.6.4 iOS 界面布局规范 112
6.6.5 iOS 文字规范 113
6.6.6 iOS 图标规范 114
6.6.7 iOS 交互注意事项 117
6.7 Android 系统 UI 设计规范 118
6.7.1 Android 常用术语 118
6.7.2 Android 设计尺寸 119
6.7.3 Android 适配 120
6.7.4 Android 界面布局规范 120
6.7.5 Android 文字规范 123
6.7.6 Android 图标规范 124
6.7.7 Android 交互的注意事项 126
6.7.8 Android 的其他设计建议 126
6.8 Harmony OS 系统 UI 设计规范 127
6.8.1 Harmony OS 常用术语 127
6.8.2 Harmony OS 界面布局规范 127
6.8.3 Harmony OS 文字规范 127
6.8.4 Harmony OS 图标规范 128
6.8.5 Harmony OS 其他设计建议 128
6.9 移动 App 切图规则与规范 128
6.9.1 切图类型 129
6.9.2 切图范围 129
6.9.3 最小触击区域 129
6.9.4 切图命名 129
6.9.5 AI 切图演示 130

第 7 章 网页 UI 设计 131

7.1 常用术语 132
7.1.1 网站 132
7.1.2 网页 132
7.1.3 浏览器 132
7.2 网页界面风格 132
7.2.1 严肃稳重型 132
7.2.2 综合流量型 133
7.2.3 简洁大气型 133
7.2.4 生动活泼型 134
7.2.5 时尚个性型 134
7.2.6 传统古朴型 134
7.3 屏幕分辨率与自适应 135
7.3.1 横屏 135
7.3.2 竖屏 140
7.4 网页的栅格布局 141
7.5 网页布局参考 142
7.6 网页字体 145
7.7 网页切图 145
7.7.1 切图的原则 145
7.7.2 切图的技巧 145
7.7.3 切图的类型 145

第 8 章 游戏 UI 设计 147

8.1 游戏的分类 148
8.2 游戏 UI 的独特性 154
8.2.1 视觉风格 154
8.2.2 互动感受 155
8.2.3 复杂性 155
8.3 游戏 UI 的职能 156
8.3.1 实现功能切换 156
8.3.2 实现反馈交流 156
8.3.3 实现沉浸式体验 157
8.4 游戏 UI 设计前期工作 158
8.4.1 明确游戏的世界观 158
8.4.2 明确游戏的整体风格 159
8.5 游戏 UI 设计原则 161
8.5.1 统一性原则 161
8.5.2 易用性原则 162
8.5.3 习惯与认知原则 163
8.5.4 容错性原则 164
8.5.5 及时信息反馈原则 164
8.6 手游 UI 设计的限制 165
8.6.1 尺寸限制 165
8.6.2 性能限制 165

8.6.3 分辨率限制......165
8.6.4 音效限制......165
8.6.5 操控限制......166
8.6.6 沉浸式体验限制......166
8.7 手游 UI 设计注意事项......166
8.7.1 更高的易用性......166
8.7.2 更及时的反馈......166
8.7.3 更多样化的操作控制......167

第 9 章 UI 设计项目案例......169

9.1 "找到你" App 产品定位......170
9.1.1 行业背景......170
9.1.2 调研手段......170
9.1.3 用户需求......171
9.1.4 定位分析......171
9.1.5 建立人物角色与情境......172
9.2 交互设计......173
9.2.1 产品框架......173
9.2.2 低保真原型图设计......173
9.3 视觉设计......175
9.3.1 标志设计......175
9.3.2 图标设计......176
9.3.3 高保真原型图设计......177
9.4 后期测试与维护......180
9.4.1 项目评审与测试......180
9.4.2 意见反馈与迭代......184

参考文献......185

第1章 UI设计

1.1 用户界面

用户界面(user interface，UI)设计，简称UI设计。它不只是界面外观设计，还包括用户与界面之间的交互关系，可以理解为人机交互、操作逻辑、界面美观的整体设计。

广义的UI也被称为人机界面，是指使用者和系统设备进行交互方式的集合。这里的系统设备不仅指软件程序，还包括某种特定的机器、设备、复杂的工具等硬件。界面就是人与物互动的媒介展示面板，其范围是非常广泛的，如遥控板、仪表盘、机器设备的操作台都可以称为用户界面，如图1-1所示。

图1-1　操作台

狭义的UI，是指集中于不同终端上操作的软件图形UI。屏幕图形UI产品包括从军事到医疗、从商用到民用的各类产品，如计算机系统界面、导航界面、数码医疗产品控制界面、软件界面、远程会议监控界面、智能电视界面、网页界面、游戏UI以及手持设备界面，等等。得益于微电子技术的发展和屏幕技术的提高，使得显示屏代替了原始操作面板和按钮的功能，从而加快了实物面板界面向虚拟图形UI演变的进程。

1.2 图形UI

图形UI(graphical user interface，GUI)，是指采用图形方式显示的计算机操作用户界面。与早期计算机使用的命令行界面相比，图形UI对于用户来说在视觉上更易于接受。

20世纪80年代以来，软件系统的操作摒弃了早期输入文字命令的做法，逐渐向图形UI发展，遵从“What you see is what you get!”(所见即所得！)的设计原理。这个时期的界面中出现了窗口、图表、图标、下拉菜单等界面元素，保持“简单、自然、友好、方便、一致”的理念，这也成为图形UI设计的指导方针。

1.2.1 Windows操作系统图形UI的发展过程

1985年的Windows 1.0操作系统，如图1-2所示。

1987年的Windows 2.0操作系统，如图1-3所示。

1990年的Windows 3.0操作系统，如图1-4所示。

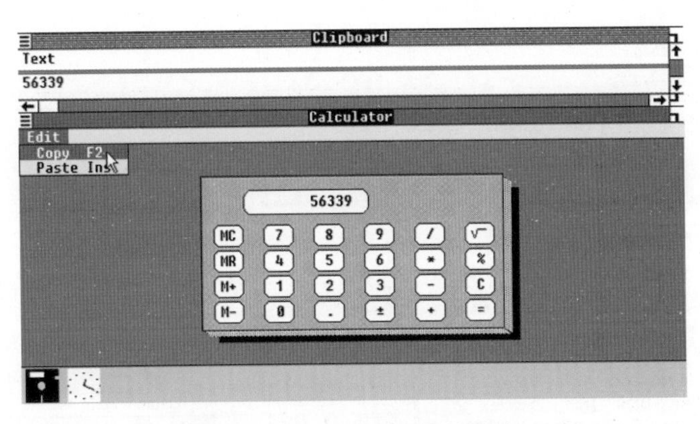

图1-2 Windows 1.0操作系统

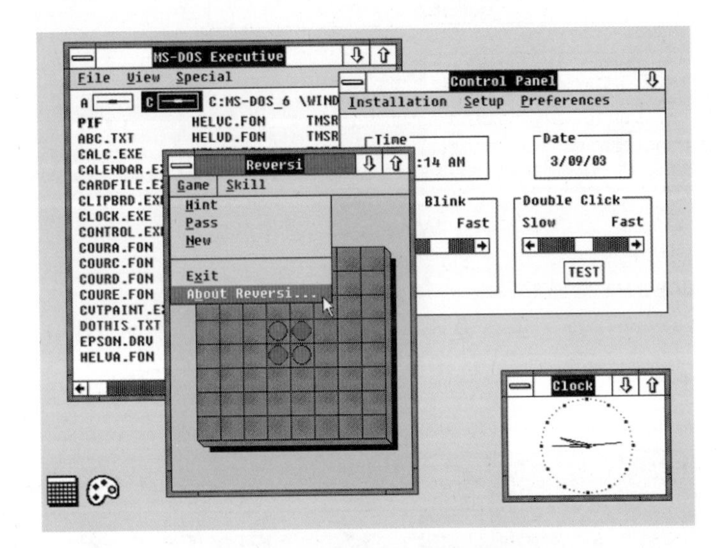

图1-3 Windows 2.0操作系统

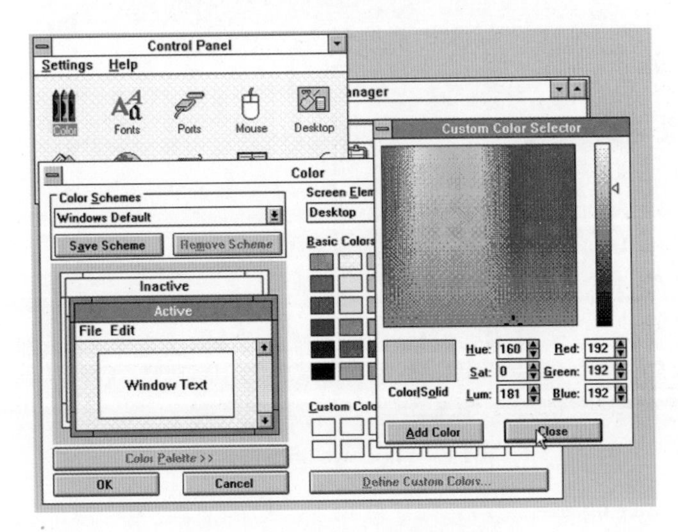

图1-4 Windows 3.0操作系统

1992 年的 Windows 3.1 操作系统，如图 1-5 所示。

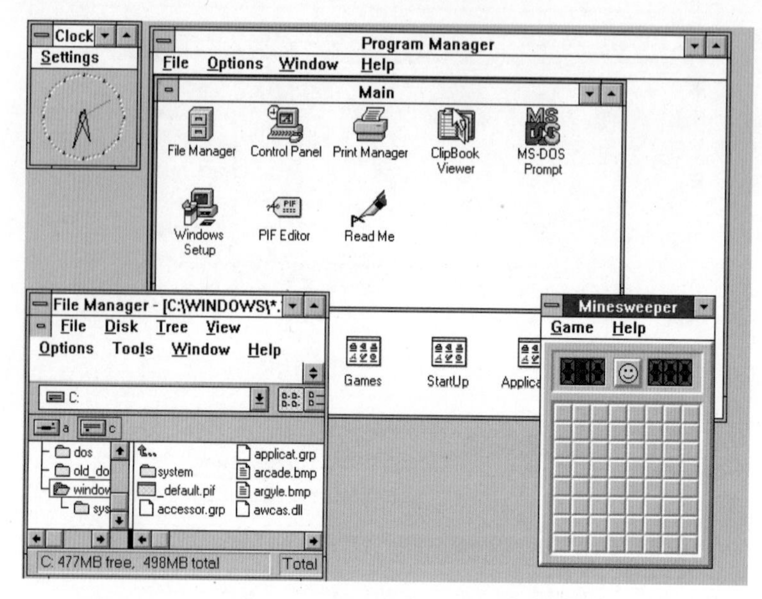

图1-5　Windows 3.1操作系统

1995 年的 Windows 95 是微软操作系统界面的一次巨大飞跃。

微软对整个用户界面进行了重新设计，这是第一个在窗口上加“关闭”按钮的 Windows 版本。图标被赋予了有效、无效、被选中等多种功能，著名的“Start”(开始)按钮第一次出现，如图 1-6 所示。

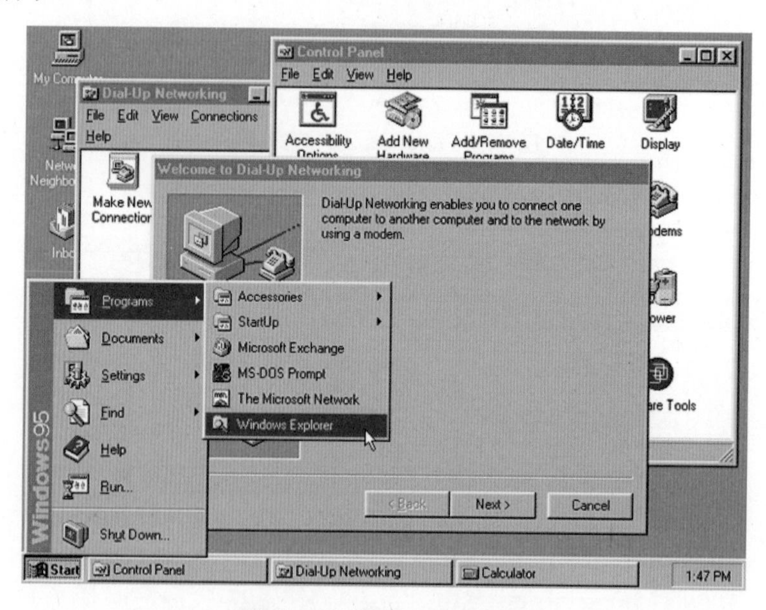

图1-6　Windows 95操作系统

1998 年的 Windows 98 操作系统实现了超过 256 色的渲染，第一次出现活动桌面，如图 1-7 所示。

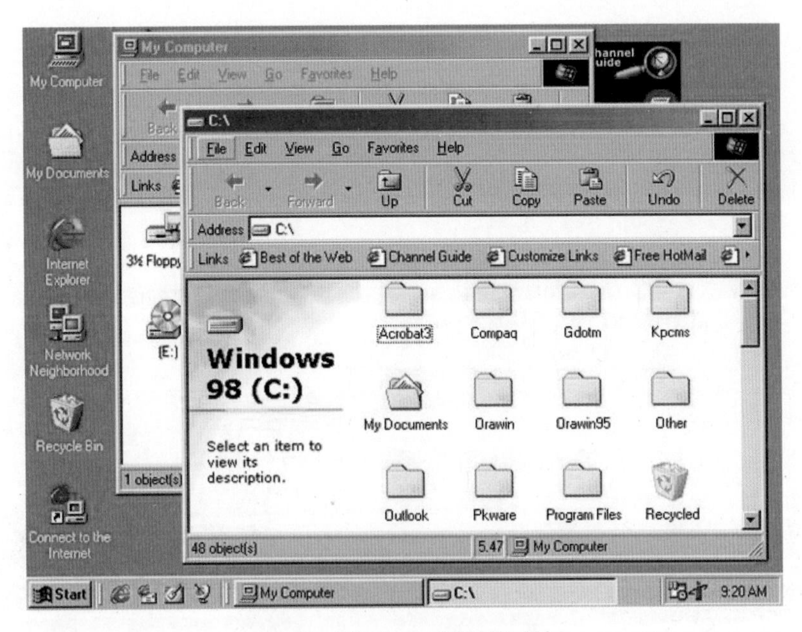

图1-7　Windows 98操作系统

2000年的Windows 2000操作系统是支持32位图形化商业界面的操作系统，如图1-8所示。

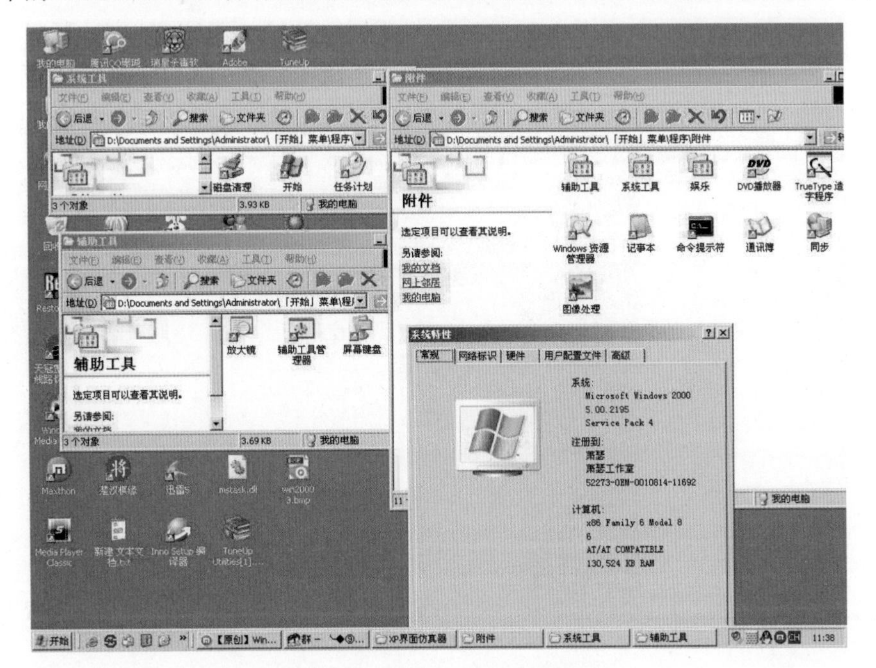

图1-8　Windows 2000操作系统

2001年的Windows XP操作系统，用户可以改变整个界面外观与风格，默认图标为48×48 px，支持上百万种颜色，如图1-9所示。

2006年的Windows Vista操作系统包含3D和动画。自Windows 98以来，微软一直尝试改进系统桌面，在Vista中，他们使用类似饰件的机制替换了活动桌面，如图1-10所示。

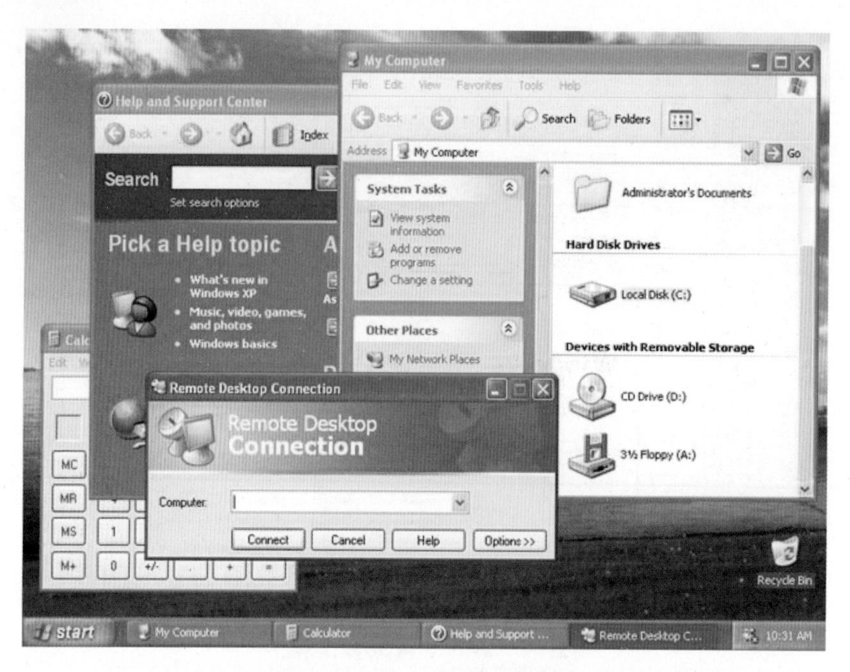

图1-9 Windows XP操作系统

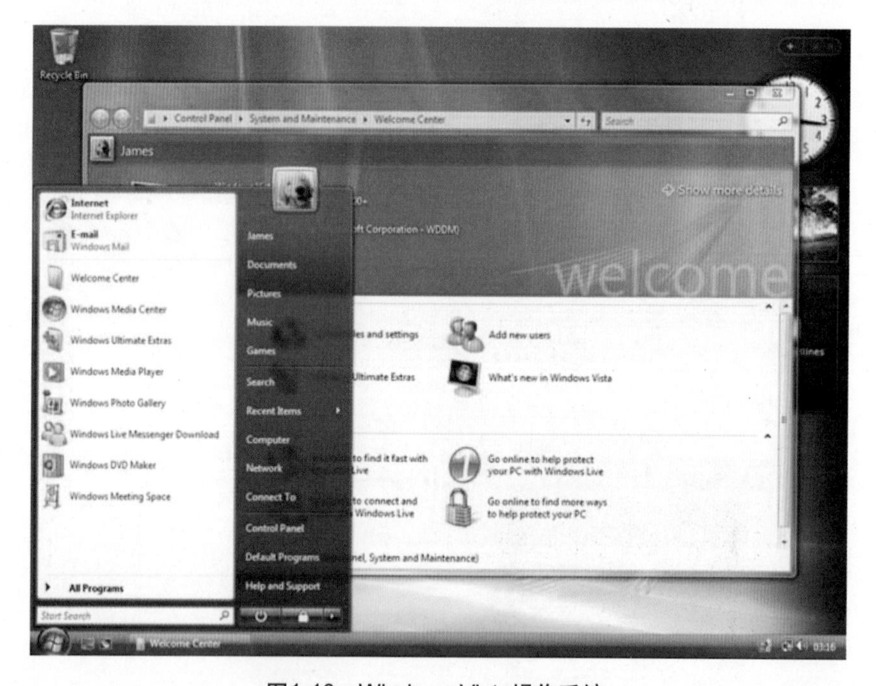

图1-10 Windows Vista操作系统

2009 年的 Windows 7 操作系统，目前仍然有用户在使用，如图 1-11 所示。

2012 年的 Windows 8 操作系统，界面发生了翻天覆地的变化。它采用磁贴 UI 设计方式，趋于扁平化风格，还取消了开始按钮，是第一款支持触摸屏幕的操作系统，如图 1-12 所示。

2015 年的 Windows 10 操作系统是一款跨平台的系统，手机、平板、PC 均可使用，如图 1-13 所示。

图1-11 Windows 7操作系统

图1-12 Windows 8操作系统

图1-13 Windows 10操作系统

1.2.2 手机设备与图形UI的发展

图形 UI 的发展和设备的更新迭代有很大关系，我们可以从手机设备的发展历程来了解其发展过程。

人类历史上第一部移动电话：1938 年，美国贝尔实验室为美国军方研制出世界上第一部“移动电话”——手机，如图 1-14 所示。

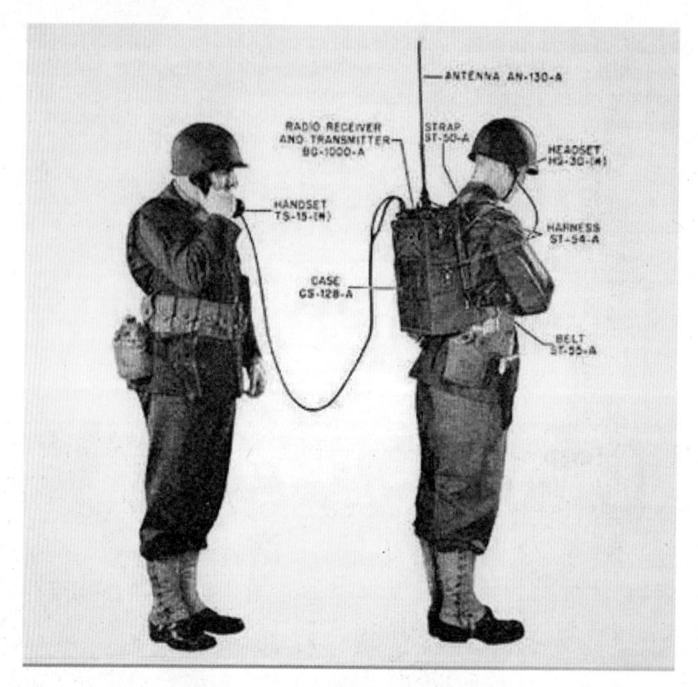

图1-14 “移动电话”——手机

人类历史上第一部民用移动手机：1973 年，“移动电话之父”摩托罗拉总设计师马丁 • 库帕 (Martin Lawrence Cooper) 带领团队率先研发出世界上第一台机械界面的便携式民用移动电话，如图 1-15 所示。

图1-15 机械界面的便携式民用移动电话

第一款可以自行编辑铃声的手机：1995 年，爱立信 GH398 诞生，如图 1-16 所示。

第一款内置游戏的手机：1998 年，诺基亚变色龙 6110 上市，图形 UI 开始进入手机领域。该款手机内置《贪吃蛇》《记忆力》《逻辑猜图》三款游戏，其中《贪吃蛇》游戏一直流传至今，成为诺基亚手机的传统项目，如图 1-17 所示。

图1-16　爱立信GH398

图1-17　诺基亚变色龙6110

全球第一款触摸屏手机：1999 年，摩托罗拉推出一款名为 A6188 的手机，被认为是智能手机的鼻祖。这款手机支持 WAP 1.1 无线上网，首次配置触摸屏，同时它也是第一款中文手写识别输入的手机，实现了更多的人机交互，如图 1-18 所示。

第一款彩屏手机：2001 年，爱立信 T68 采用一块 256 色的彩色屏幕，彩色图形 UI 诞生，如图 1-19 所示。

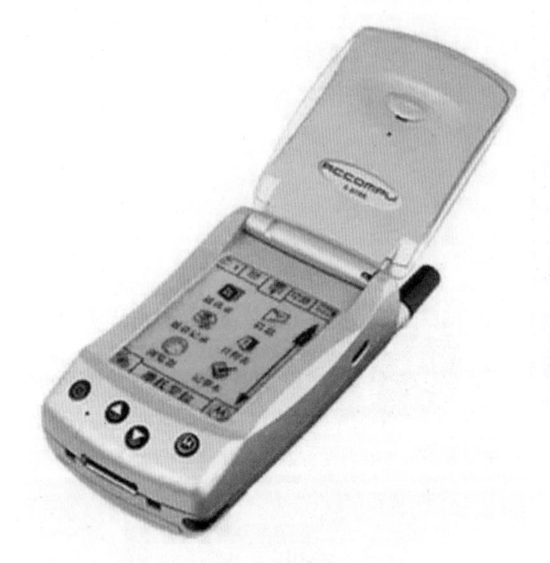

图1-18　摩托罗拉A6188手机

图1-19　爱立信T68

国内第一款支持 WCDMA 的手机：2003 年，诺基亚 6650 上市。WCDMA 网络就是之后联通的“WO”3G 网络，如图 1-20 所示。

全键盘手机：2005 年，诺基亚 N 系列上市，它基于塞班系统，内置 200 万蔡司摄像头，如图 1-21 所示。

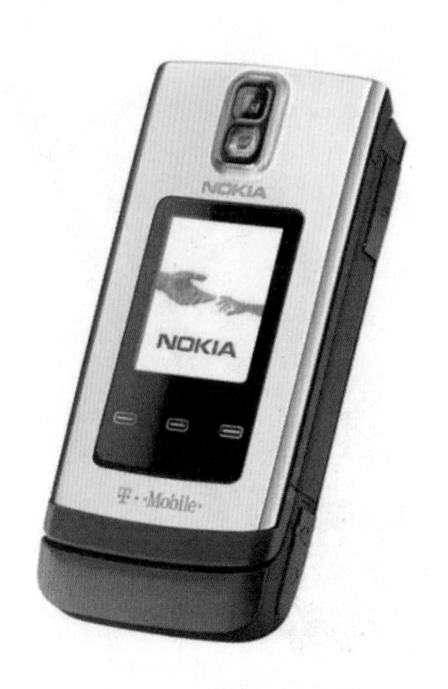

图1-20 诺基亚6650

图1-21 诺基亚N系列手机

苹果公司第一款手机：2007 年，iPhone 问世，使用 600 MHz 的 Arm11 处理器，3.5 英寸真彩电容屏幕，比竞争对手先进 5 年的 iOS 操作系统，带来的体验是革命性的。iPhone 的出现颠覆了整个手机市场，手机进入了一个新时代，如图 1-22 所示。

图1-22 苹果公司第一款手机iPhone

拟物风奠定经典：iOS 系统图形 UI，如图 1-23 所示。

扁平风来袭：2013 年，苹果公司的 iPhone 5S 和 iPhone 5C 手机同时发布，置入同年上线的 iOS 7 系统。iOS 7 带来了视觉上的重大改动，拟物化、纹理和闪光的图标全都不见了，整体风格更加现代化和扁平化，其简洁的配色方案成为一种流行趋势，扁平化也成为一种风靡全球并延续至今的设计风格，如图 1-24 所示。

图1-23　iOS系统图形UI

图1-24　更加现代化和扁平化的风格

随着科技的发展，手机的屏幕大小也在不断发生变化，同时促使图形 UI 也随之发生变化，如图 1-25 所示。

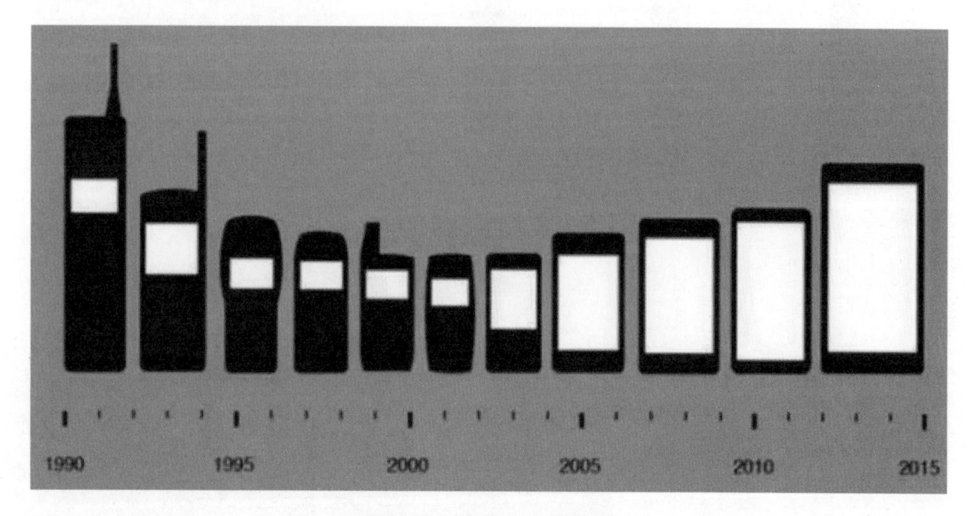

图1-25　屏幕大小的变化

1.3 UI设计

UI 设计 (user interface design，UID) 还包括软件的人机交互、操作逻辑、界面美观的整体设计，涉及用户研究、交互、图标设计和界面布局等多方面内容，如图 1-26 ～图 1-28 所示。

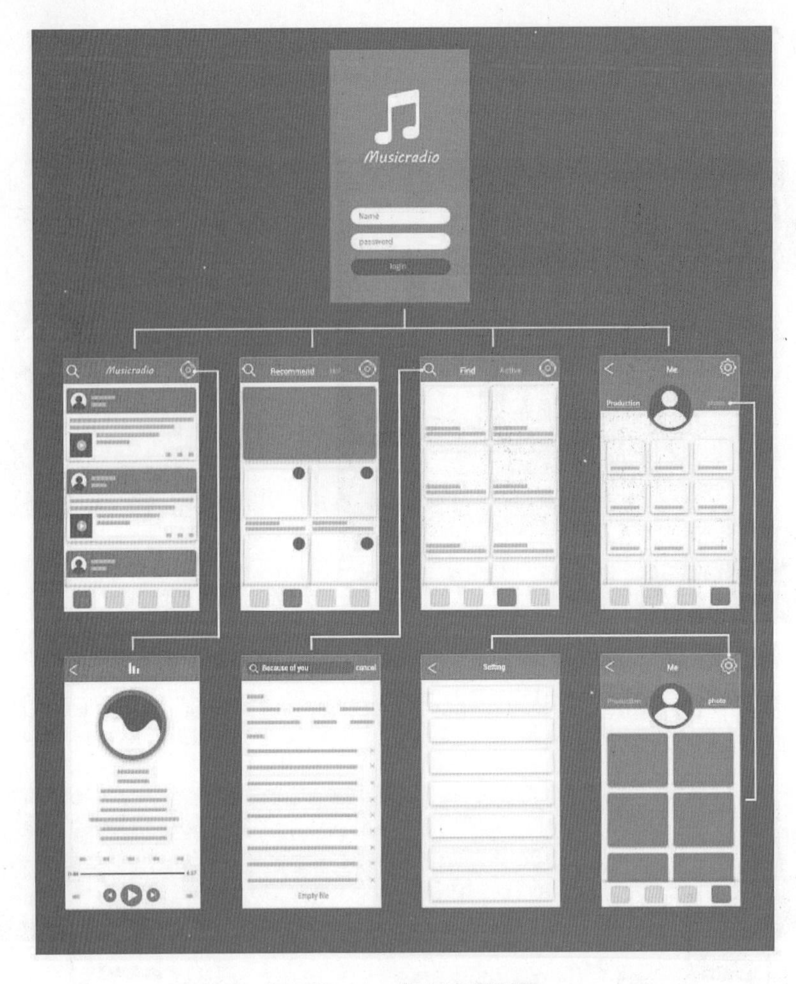

图1-26　App低保真原型图

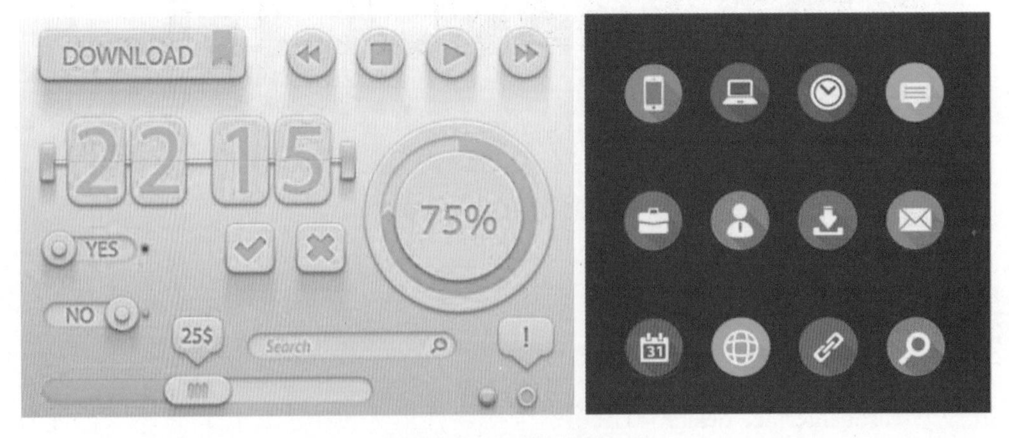

图1-27　控件与图标

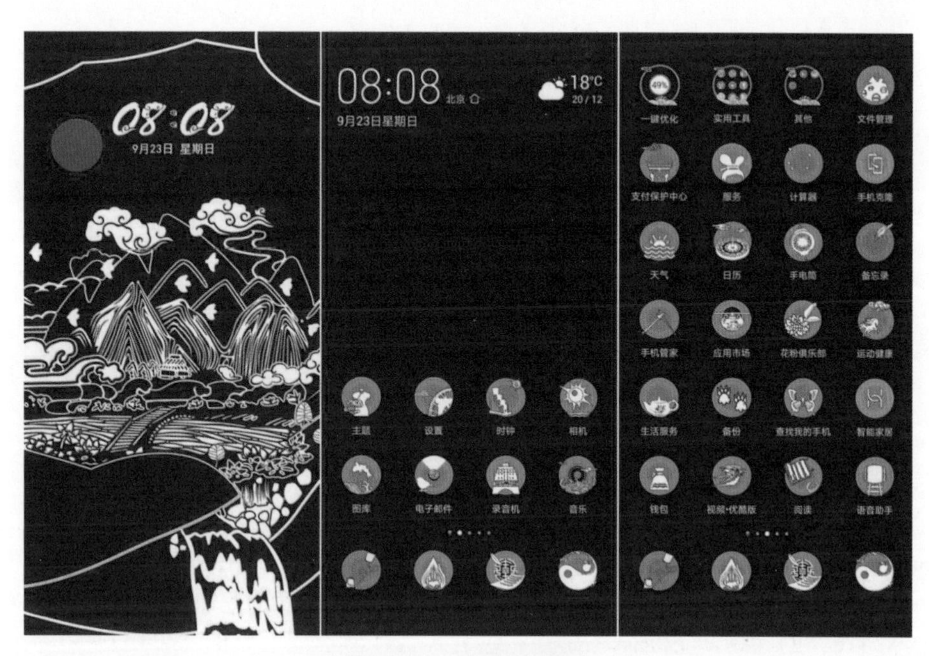

图1-28　手机主题界面

1.4 以用户为中心的设计

以用户为中心的设计 (user centered design，UCD) 就是以用户体验为核心的设计。

20 世纪 90 年代初期，“用户体验”这一概念首次被美国认知心理学家、计算机工程师、工业设计家唐纳德・A. 诺曼用于设计工作中。诺曼在自己的著作《设计心理学》一书中大量列举了那些不顾及用户需求与感受、“以产品为中心”的设计是如何令人发指，并在书中提出“以用户为中心的设计是避免犯错的一个根本途径”。

要做到以用户为中心进行界面设计，就必须进行用户研究。用户研究是目前产品开发，尤其是交互产品开发前期非常重要的环节。产品研发初期阶段注重用户的需求，对用户进行分类，尽可能地对潜在用户和直接用户进行调查分析，明确目标用户的动机与目的，分清用户的主次定位，以便团队在后期设计中寻求最合理的、满足需求的方案，注重交互的可行性和易行性，UI 设计是否友好等内容。好的用户体验应该从细节开始，并贯穿于每一个细节；能够让用户有所感知，并且这种感知要超出用户的期望，给用户带来惊喜；这种惊喜应贯穿于品牌与消费者沟通的整个链条，让消费者一直保持愉悦或兴奋状态。

美国著名心理学家马斯洛的需求层次理论对产品设计有着重要的指导意义 (见图 1-29)，我们常说设计需要“以人为本”，这种恰到好处地满足对人的特定需求就是以人为本，就是设计对人的尊重，就是一种以用户为中心的设计或理念。

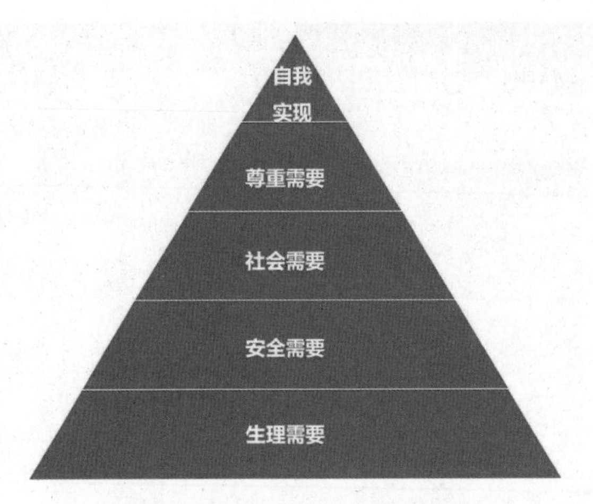

图1-29　马斯洛的需求理论模型

产品设计中所强调的“以用户为中心的设计”方法是一个循环往复的过程，它包括用户需求分析、可用性设计、可用性测试与评估、用户反馈四个相互关联的环节。这四个环节贯穿于整个产品设计的始终，不断循环往复、螺旋式上升，形成完整的“以用户为中心的设计”的过程 (见图 1-30)。

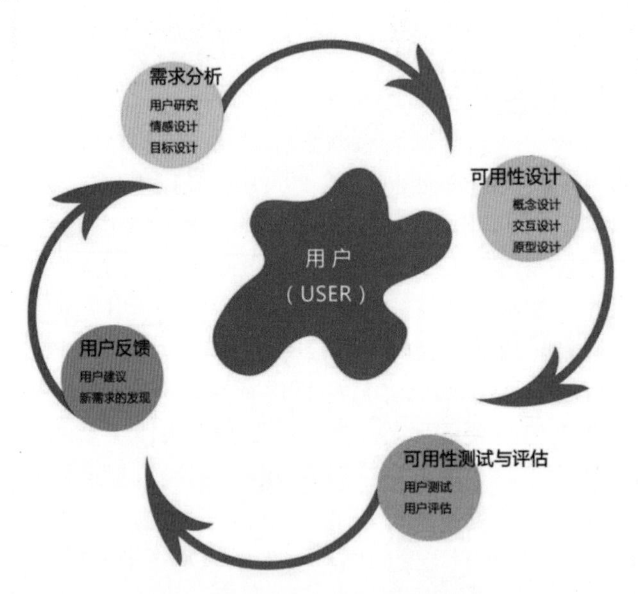

图1-30　以用户为中心的可用性设计

1.5 交互设计

关于交互设计我们很难给出一个精准又简洁的定义，因为它的运用范围太广泛。虽然从字面上看只有用户和界面，但是其还包括人与界面的交流与互动这一层关系，用户界面不仅是视觉外观的设计，它还包括一个很重要的部分，即用户与界面之间的交互关系。

实现交互是界面设计的目的。有界面才能实现交互，不考虑交互目的的 UI 设计，交互行为就不能得以实现。UI 设计中交互目的的实现是基于对用户的研究，但更强调人和界面的互动，考虑用户的使用环境、经验、技术以及操作过程中用户的情感因素与心理感受等，从而设计出更好地满足最终用户情感体验的界面设计产品。

在此特别说明，本书后面章节中的与 UI 设计相关的知识都属于屏幕图形 UI 范畴的知识，包括 PC 端软件界面知识、移动 App 界面知识、网页界面知识、游戏 UI 知识，如图 1-31 ～图 1-33 所示。

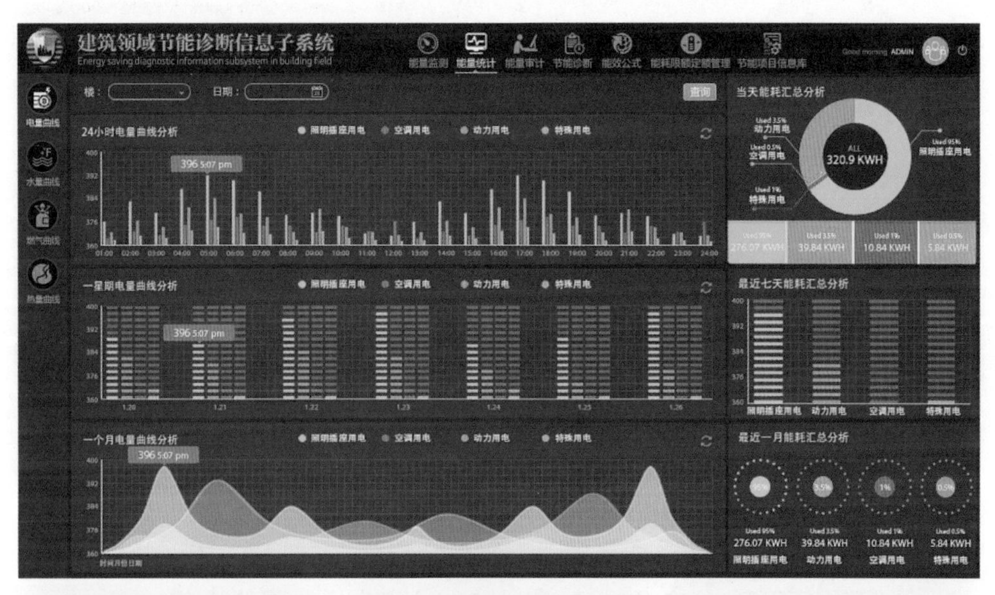

图1-31　移动端界面

图1-32　游戏UI

图1-33　网页界面

以用户为中心的设计

在 UI 设计中，与界面打交道的是人，使用界面的人就是产品的用户，用户抱着某种动机与界面进行交互，在此过程中其操作行为顺利与否、信息有效传达与否、用户最终目标达成与否等，都关系着用户对产品的体验感受。用户体验感受越好的产品会越受到用户的喜爱，用户体验感受不好的产品会逐渐被同类型拥有更好体验的产品所淘汰。可以毫不夸张地说，用户体验关系着一个交互产品的成败。

2.1 用户体验

狭义的用户体验 (user experience，UE/UX) 是用户在使用产品过程中所产生的一种纯主观感受。简言之，用户体验就是用户的使用感受。它既然是一种感受，就是比较主观的事情，设计师又怎么能满足所有用户的主观感受？用户体验既是名词也是动词，它既是一个产品所具有的终极成果体验，又是创造这些体验的一套方法，包括用户研究、用户访谈和调研、创建人物角色、描述用户情境、制定产品导航路径 (也称用户路径) 等内容。

2.1.1 用户体验决定成败

用户体验的好坏，决定着整个设计的成败。图 2-1 所示的设计虽然具有调侃意味，但却非常准确地诠释了糟糕的设计所带来的使用障碍，不能为用户解决问题的产品谈不上好的体验，产品最终只能宣告失败。

图2-1 糟糕的设计

没有以用户为中心的产品会给用户的使用带来不便，增加时间成本以及负面的心理感受，甚至给用户带来潜在危险。图 2-2 所示为糟糕的盲道设计。

瑞士军刀品牌 Wenger 百周年的纪念产品——巨无霸军刀组合了 85 种工具，具有上百种功能，重量超 1200 克，厚 22 厘米，但它只能作为收藏品和展示的样品。如果真要使用它，其使用价值几乎为零，因为它既不方便携带也不方便使用，如图 2-3 所示。

设计从来不是靠堆砌功能来满足所有用户的需要，当想满足所有用户的时候，这个设计必定不会成功。这个瑞士军刀案例很好地揭示了产品设计一定是针对特定用户设计产品，也就是要在一定的用户定位基础上进行设计。

图2-2 糟糕的盲道设计

图2-3 Wenger百周年的纪念产品——巨无霸军刀

有的生产商为了追求高溢价，为各种家用电器设计了过多的附属功能，这看似很贴心、很全面，但用户花高价将产品买回家后，最常使用的还是产品的基本功能。例如，因为没有考虑到超市货架的标准高度，在设计包装时一味地追求美观，选用了过高的尺寸，需要上货员费力地将商品摆上货架，顾客又想尽办法将它取下来，最终导致该产品很快下架。一家私家菜馆为了彰显其私密性和高档次，将餐厅大门设计得非常隐秘，导致顾客在餐厅外摸索半天不得而入，很是尴尬。另外，还有陷入“死循环”的交互体验，比如账号被冻结后，解锁需要邮箱，邮箱又需要解锁后才能登录，就这样周而复始无限循环……

2.1.2 好的用户体验原则

1.用户体验的核心是用户需求

用户体验虽然是感性的，然而设计是理性的，设计的初衷是为了解决用户的具体问题，设计出真正满足用户需要的产品。在平时使用产品的时候，如果有不满意的地方，一般用户的处理方式就是忍受或者替换。作为设计师第一步就是要有善于发现问题的眼光以及分析问题的能力，多想想这背后的原因，抓住用户的痛点并进行改变。“以用户为中心的设计”的核心原则就是为用户的需求做设计。

2. 好的用户体验要能够让用户感知

用户体验体现在使用产品的全过程，好的产品一定具体到如何解决用户的问题，如何让用户使用起来感到愉悦。360 安全卫士推出计算机体检打分，用户看到自己的计算机只得 60 分、70分就会恼火，居然“只超过了 30% 的用户”，怎么能掉队这么多！用户纾解这些情绪的第一反应就是我要优化，“一键修复”360 就会扫描并解决很多用户不能感知的问题。同时，360 创造了能让用户感知的打分形式，“优化后 100 分，请继续保持！”及时给出反馈，让用户心满意足。

3. 超出用户预期，带来惊喜

若用户使用产品仅仅获得预期效果，还谈不上形成真正的体验。超出用户预期的才是好的体验。有一个广为流传的故事：有一年，深圳万科房产高层林少洲参观龙湖地产的样板房，脱下皮鞋换上拖鞋进屋，当他出门再穿自己的皮鞋时，发现原本鞋尖朝房间里的鞋，有人将其摆放成向外。林少洲感叹：龙湖这个企业可怕。解读用户，需要了解人的想法和行为习惯，学会换位思考，能体会大众的想法，同时又能超越大众的想法产生新的设计思路。

4. 好的用户体验要贯穿于每个细节

对用户体验做出持续不断的改进，能够从细微处体现产品的人性化。很多企业都成就在细节之处，同行业产品的功能和产品框架都无太大差异，能让用户感知的恰恰就是细节。乔布斯对细节的坚持已经到了极致，所以才会有用户觉得“苹果的产品就是好用”的信念，因此而获得很好的口碑。

2.2 用户研究

用户研究 (user research，UR) 的目标是以用户为中心，而不是以组织为中心，只有真正了解用户，才能提供符合用户需求的服务。

2.2.1 用户是谁

屏幕另一端的目标群体是多变的且复杂的，通过定性和定量研究，可以更深入地了解他们。进行定量研究，可以确定目标群体中男性和女性的比例，年龄分布和收入层级，使用习惯，等等。但这也只是一种普遍结果，难以获取用户体验，所以还需要更多的洞察和信息，将他们分为不同的使用群体，赋予其不同的人物性格，并从不同人物的角度进行换位思考。

2.2.2 心理模型和表现模型

心理模型 (mental models)，是由阿兰 • 库珀 (Alan Cooper) 在 *About face* 中首次提出的。心理模型是指相互关联的言语或表象的命题集合，是人们做出推论和预测的深层知识基础。就好比使用制冷空调时，人们希望温度能够快速降下来，习惯将温度调到最低，有一种“这样空调就会更拼命地工作”的认知，这就是用户的心理模型。其实，空调有自己的一套运作模式，获得指定温度的时间都是一样的。一个人的心理模式代表了他的思想以及与某个特定主体的关系，它可以影响一个人的行为，以及特定主体或事件解决问题的方式，就像日常情景剧的“剧本”。

库珀为了更好地说明设计师的价值，又提出另一种模型——表现模型 (represented models)。所谓表现模型，是“设计师所选择的一种表现方式，用来向用户展现计算机程序有怎样的功能”。设计师使用的表现模型，越接近用户的心理模型，则越容易被用户接受，也就是所谓的“设计得越好”。360 安全卫士体检打分也是一样，用户并不知道后台具体做了什么，只知道当他点击了一个按钮后，计算机体检分数就从“30 分”立马优化成“100 分，超过 100% 的用户！”，这体验真是太爽了。

2.2.3 数字化生活方式

2010 年，特恩斯公司首次在世界范围内针对线上行为进行研究，其结论是数字化生活方式可分为 6 个层级，如图 2-4 所示。

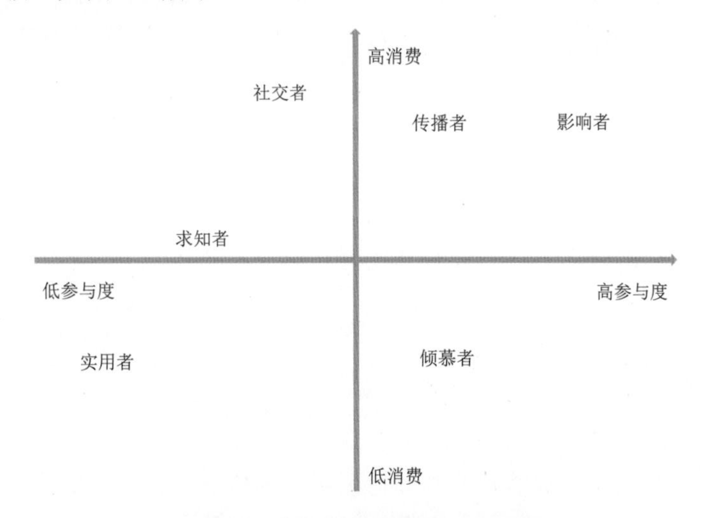

图2-4 数字化生活方式的6个层级

(1) 影响者。互联网是这个群体生命中不可或缺的一部分，如博主、网红等。他们是社交网络的热心用户。网络社区有很多朋友，他们也是网上消费的能手，常常用自己的手机买东西；他们也希望有尽可能多的人可以听到自己在互联网上的声音。

(2) 传播者。喜欢交谈和表达自我，可以是面对面的，也可以是线上的，还可以是通过手机或社交网络的。另外，也可以通过短信或邮件进行交流。希望在网络世界以一种线下世界所不可能的方式表达自我，使用智能手机可以随时上网。

(3) 求知者。使用互联网扩展自己的知识面，获得信息，时时关注世界大事；对时事有着极大的兴趣；并不是特别在乎社交，但喜欢与气质相似、能帮助自己的人保持联络，特别是买东西的时候。

(4) 社交者。互联网对于建立和维护自己的关系极为重要；无论是在工作中还是家庭中，生活都比较忙乱。需要使用社交网络与一些人保持联络，不然没时间与其交流，在家里常常使用互联网与品牌进行沟通以及获得促销信息，但并不是一个会在网上发表意见的人。

(5) 倾慕者。希望可以在网上展示自己，是一个网络世界的菜鸟，偶尔通过手机连接 Wi-Fi 上网，并不常常在线，但希望可以经常上网，特别是通过移动设备。

(6) 实用者。互联网是一种实用工具；不会在网上发表见解；使用互联网收发信息、获取新闻资讯、跟踪体育赛事或查询天气，以及在网上购物；对新鲜事物 (如社交网络) 不感兴趣，对于隐私的保护比较在意；年纪较大，已经使用互联网较长时间了。

数字化生活方式的研究根据细分人群还有更多的研究结论，可以通过互联网找到相关数据。此研究的相关结论可以帮助我们很好地理解用户的需求和行为。

2.3 建立用户角色的重要性

建立用户角色是“以用户为中心的设计”中一个重要的方法和工具，在软件、网站等交互式媒体设计中得到了广泛的应用。创建的用户角色是真实用户的虚拟代表，它是基于真实的一类具体的人，是对目标群体或用户类型的代表进行个人化、形象化、角色化的描述。在设计的整个过程中把人物角色作为真实的用户看待，才能把“以用户为中心的设计”思维落到实处。

2.3.1 开发者与用户不同

开发者包括界面的设计人员、建设方的相关人员、编程人员等各类参与设计与开发的人员。因为开发者和用户的目标不同，同时开发者和用户对产品的了解不一样，所以开发者与用户不同。

2.3.2 设计要有针对性

UI 设计不可能满足所有用户的需求。每个用户都有各自不同的需求，每一个设计都要针对不同的需求。如果要满足所有需求就必须提供更多的信息内容、提供更多的功能、增加更多的灵活性，结果必定是内容杂乱、版面奇怪、功能难以使用，最终导致所有的用户都不满意。

2.3.3 人物角色使“以用户为中心”落到实处

我们需要的是让用户满意，而不是让所有人满意。人物画像虽然是假想的，但它和真实的人一样具有自己特定的需求、行为方式、习惯等，如他总是喜欢蓝色调的东西、生活节俭、对有折扣的商品特别感兴趣等，这些个性需求对网站设计更具指导价值，而且可操作性更强。由于人物角色是网站用户的典型代表，为他而设计就能较好地将为用户而设计的思想落到实处。

2.3.4 人物角色可以减少争论，提高效率

在产品设计过程中，设计人员、编程人员以及建设方的主管、营销人员等，都会站在自己的角度对设计提出若干要求，很难达成一致意见。如果创建了具有鲜明个性和具有设计针

对性的人物角色，就有了一个思考问题的共同基础，这样一切以人物角色为中心，从用户需求出发，不违背用户习惯，就能减少争论，提高效率。

2.4 产品规划前期

要想设计出具有良好用户体验的产品，一定要对产品本身、用户需求有足够的了解，产品规划的目的就是要通过一系列手段明确产品设计的目标，有的放矢地进行后续工作。

2.4.1 产品规划时效

长期规划一般是 1 ～ 5 年，由于时间跨度长，主要把握大方向，不会做特别详细的规划。

近期规划一般是 1 ～ 12 个月，规划详细，明确不同阶段的目标、里程碑和交付物。最终形成一条路径：什么时候做什么，为什么做这个，怎么做，用到哪些资源，等等。

2.4.2 明确产品价值和定位

没有目标的设计都是无稽之谈。所以，首先要明确产品的价值和定位，一般可从用户、场景、价值三个方向进行思考。

- 用户是谁？产品对用户有什么价值？
- 产品在什么场景下使用？核心竞争产品是什么？
- 产品是否有商业化想象力？是否有持续性创造价值的能力？区别于竞品的核心壁垒是什么？

要回答这一系列问题，背后要做的工作有很多。比如，挖掘需求场景、盘点自身资源优势、结合时代热点、竞品调研、用户调研、亲身体验等，这是一个不断提出新观点、不断辩证的过程。明确了产品价值和产品定位后，才能更好地进行下一步工作。

2.4.3 明确产品生命周期

根据产品所处阶段的不同需求，拆解各阶段的特殊产品侧重点，才能确定产品的整体目标。产品的生命周期一般可分为启动、成长、成熟、衰退 4 个阶段。

(1) 启动阶段需解决的核心问题有以下几个。

- 产品能否直击用户的痛点？
- 产品的用户体验如何？

此阶段是以最小成本快速设计满足核心用户需求痛点的、相对完整的产品，通过筛选和征集找到足够多的目标用户，验证用户体验，获取用户的反馈、吐槽以及流失情况，围绕这些目标快速迭代产品。同时，在这一阶段将产品和品牌推广初步结合。

(2) 成长阶段需解决的核心问题有以下几个。

- 如何快速提升产品销量和知名度？
- 坐拥大量流量该如何变现？

该阶段要注重新用户的增长和老用户的留存问题，可通过运用产品、运营、推广等策略和优化界面、技术等功能去实现这些目标。

(3) 成熟阶段需解决的核心问题有以下几个。

- 如何培养老用户的忠诚度并带来稳定的新用户？
- 如何实现稳定的、持续的变现盈利？

这一阶段中新用户和核心用户的增长都变得缓慢，可能是竞争，也可能是目标用户已基本被覆盖或者是产品模式已不再适应市场，等等。解决这些问题可以提升核心用户的转化率和盈利能力；改善现有的产品服务、运营策略、用户体验，重新进入成长期或者开发新产品，保证整个团队的存活。

(4) 衰退阶段需解决的核心问题有以下几个。

- 如何召回流失用户？
- 有没有机会找到新的增长点或能不能转型？

这一阶段需考虑产品还有没有继续生产的可能性。如果产品有继续生产的必要，就要考虑改版、转化战略等；如果产品已经没有继续生产的必要，就应放弃该产品并注意做好退市工作。

2.4.4 明确产品对象和终端

首先，要明确产品面向的对象，比如用户端——展示给绝大部分用户的终端；B端——平台内的其他角色，如公众号作者的管理后台、淘宝店家店铺管理后台；内部管理端——面向开发团队、运营团队等，主要是指进行模块配置、权限配置、资源配置、内容配置等操作的管理员后台。

其次，明确产品运用于什么设备端，如移动端、Web端、PC客户端、TV端等。围绕产品核心目标为建立用户人物角色库做准备，以便在不同模块、不同客户端特性中进行个性化规划。

2.5 积累用户需求池

要寻找需求来源，就要围绕不同阶段和终端形态的产品目标，进行功能拆分，积累用户的真正需求。下面介绍几个常用的寻找需求来源的方法。

2.5.1 访谈或问卷调研用户

根据用户访问产品的不同目标将用户划分为多个细分群体，然后分别在各个细分群体中寻找具有典型代表价值的对象，最后根据每个细分群体的调查结果为每个细分群体创建一个人物角色。例如，对于校园网站，用户可划分为在校学生、考生、家长、教职员工等细分群体。调研的目的是帮助设计人员发现更多没有考虑到的用户需求和行为等方面的问题，创建出合理的人物角色。

(1) 访谈注意事项。

- 访谈用户时营造宽松的环境和氛围。
- 不要设置严格的议程，让用户一对一地轻松回答问题。

- 不要设计那种答案为“是”或者“否”的问题。
- 时间一般不宜超过1小时。

(2) 访谈或问卷主题围绕用户目标、行为、观点来进行。

- 目标：用户希望通过产品得到什么。
- 行为：用户使用什么样的方法和步骤来完成任务并达到目的。
- 观点：用户觉得什么样的功能是方便的、喜欢什么样的内容、喜欢哪些设计风格，以及对于收费、广告等的看法等。

2.5.2 用户使用路径分析

用户使用路径分析，是指归纳用户的核心使用路径，再根据核心路径上牵涉的功能模块进行延伸。

以电商为例，用户的使用路径大致可分为“购买前”“购买时”“购买后”三个模块，围绕着这样的使用路径，可以快速地抽象出各个模块的需求池。

- 购买前：搜索商品、看推荐、浏览详情页、看评论、询问、购物车、收藏……
- 购买时：选择商品、优惠情况、确认金额、收货信息、提交订单、支付方式……
- 购买后：查询物流、售后服务、确认收货、评价……

2.5.3 根据业务模块穷举法

通过上一个环节，确定了产品功能大致分为“推荐”“搜索”“消息”“购物车”“个人中心”等模块，那么我们可以通过发散思维对每一个功能模块需求进行穷尽整理。比如，推荐模块有哪些功能层面的设计？通过发散，围绕着某一个功能模块把需求罗列出来，如个性化推荐、排行榜推荐、达人推荐、banner 推荐、搜索推荐、相关推荐……

2.5.4 其他渠道

从开发者角度分析，往往会陷入“我也是用户”的怪圈。多聆听来自广大用户、团队的反馈，多了解国内外竞品迭代历程、业界的一些前沿的经典案例等，使需求池尽量全面，哪怕很杂、很多。有些当下看很离谱的需求，在特定的产品阶段都可能显得非常有价值。

2.6 建立有价值人物角色类型

建立需求池后，并不是所有用户的需求都要满足，此时需要用户画像为产品需求做减法和归类，挖掘有价值的共同需求。一般会遇到的无用需求如下所述。

- 个例需求。个别用户对产品功能、操作体验不满。因为一种产品不可能满足所有人的需求，要以价值观为导向去服务大多数用户。
- 与产品战略相悖。用户提出的需求与产品的核心价值背道而驰，这就需要在战略、目标与用户需求上进行取舍。

2.6.1 人物角色数量

一种产品中的人物角色以2～5个为宜，根据产品功能和属性可酌情删减和添加。

角色太少不能概括网站的用户，人物角色太多又会使设计的注意力分散、失去重点、导致设计失败。所以，量化人物角色的核心就是剔除无用需求，将有类似痛点的需求的人物合并，提炼有价值的需求，帮助需求库"瘦身"。

2.6.2 人物角色需求分级

需求池经过筛选、合并、去重后，还需要对需求的层次进行初步的划分，即围绕产品定位、所处生命周期的核心目标，衡量需求的缓急、重要性以确定人物角色的优先级别——主要人物角色、次要人物角色以及排斥人物角色。优先级别高的人物角色需求要首先满足，其次才考虑优先级别低的人物角色需求；当其发生冲突时，以优先级别高的人物角色需求为准。

1. 主要人物角色

主要人物角色是实现产品目标最有价值的用户细分群体的人物角色，他们的优先级别最高，需求凌驾于其他所有人物角色之上，如网上书店中个体买书者是最具有商业价值的，是主要的人物角色。需要注意的是，主要人物角色不宜过多，过多就会陷入多种需求矛盾的旋涡之中。

2. 次要人物角色

次要人物角色对实现网站的目标仍然有重要的作用，他的需求在与主要人物角色没有冲突的情况下，应该尽量去满足，如对于网上书店，那些负责单位购买图书的人员、书店的采购人员、个体书商等都具有重要的商业价值，可以作为次要人物角色加以考虑。

3. 排斥人物角色

通过用户访谈，你也许会发现一些为数不多但需求特别的用户，他们使用网站的方式与众不同，如喜欢正文使用书法字体等。对于这类用户，我们可以将其确定为排斥人物角色，以提醒我们不要把注意力放在这种人物角色上，产品不要为他而设计。排斥人物角色并非每个产品都要设置，只用于需要特别警示的情况。

2.7 人物角色简介

编写人物角色简介是为了梳理用户的真正需求，进一步提升用户体验。

2.7.1 人物角色要具体化

要把人物角色塑造成和现实生活中具有个性差异的真实人物一样，就需要为人物角色创建真实人物的主要特征和属性。除了姓名和形象两个主要特征外，人物角色还应具有社会化特征和生活方式，如性别、职业、家庭成员、居住地、爱好、文化程度、收入状况等，这些属性都应该赋予人物角色。通过这些特征的塑造，可使人物角色具体化，达到真实可信的目的。

作为数字化产品的人物角色，还必须创建与数字化行为和生活相关的信息，如上网频率、数字化媒体使用以及其他线上活动；对互联网的态度，如对于数据保护及网上交友的态度，以及数字化使用场景，等等。通过数字化生活方式的分类，可将数字化产品所要传播的目标群体进行分类，通过这种方式，设计师可以找到用户群体的交互目标，并且准确定位他们的线上坐标。

2.7.2 编写人物角色简介

对人物角色具体化之后，可结合用户研究资料，获取每个人物角色访问产品的动机、目标、观点方面的典型特征，编写人物角色简介。通过对人物角色自身情况的描述，逻辑地引出他访问产品的动机和需求，只有这样的介绍才能让人物感觉到真实可信。使用人物角色，就是让用户研究有成果，给用户研究描绘一张生动的面孔，从而将枯燥无味的数据转化成能改善用户体验和网站的信息，如图 2-5 所示。

图2-5 人物角色简介

2.8 编写用户情境

编写用户情境时，首先应该定义最重要的使用情境和使用案例，以及用户动机、如何使用产品来实现目标，其经过了哪些具体的步骤、克服了哪些困难、经过了什么样的心理变化等。

2.8.1 用户情境的典型一天

用户情境描绘一个用户如何与一个即将成型或已经构建好的系统进行交互。根据预期用途的不同，用户情境可以极短也可以很长。例如，描述某个人物角色的典型一天，他所参与的活动和日程，以及用户在品牌接触点之外的想法、情绪、活动。“一生中的一天”这种情境法对理解接触点或者某一个特殊用户行为是非常有效的，具体的需求取决于用户想要表达的信息。

2.8.2 编写用户情境

人物角色和情境可以决定用户行为的价值观、偏好和性格特征，对网站的内容设计、功能设计、导航设计等都具有指导意义。

好的用户体验设计师一定是懂产品、懂行业、懂商业的，只有这样才能做到有的放矢，找到用户体验设计的最佳爆破点，从而和企业共同成长，最终实现双赢。掌握了商业需求、用户类型和用户数据，就拥有了一整套界面选择标准。用户情境、目标以及目标是否与商业目标相符，这些因素都在产品规划的考虑范围内，是之后的原型图和高保真图设计的目标指南。图 2-6 所示为某求知者购书情境。

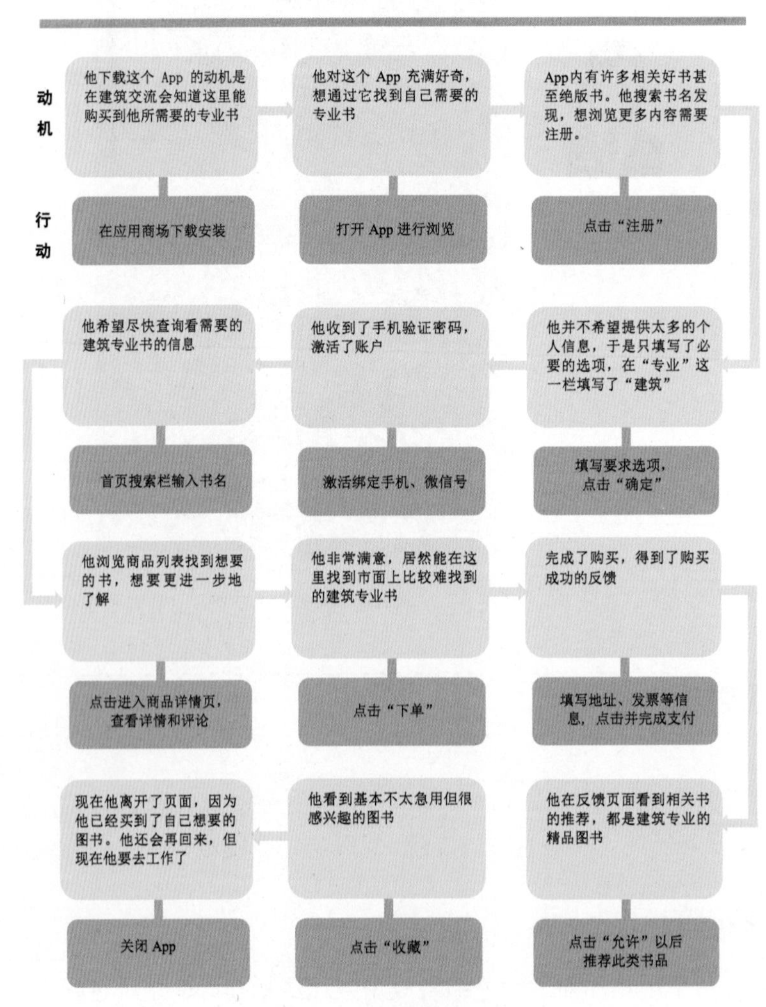

图2-6　求知者购书情境

交互设计

人类通过语言和文字进行交流对话，对话是信息交流的主要途径，对话的过程能体现出一个人的信息传递能力和对信息的理解能力。人机交互的底层逻辑也是如此，区别在于它是通过人脑、屏幕和信息反馈而构建的对话场景。学习界面设计时必须具有相互交流的设计思维，它是 UI 设计工作中解决问题的方法和途径。

3.1 人机交互

人机交互，也称人机互动 (HCI 或 HMI)，是研究系统与用户之间交互关系的学科。系统可以是各种各样的机器，也可以是计算机化的系统和软件。

构成人机交互的三个重要元素是人、机器、界面。

3.1.1 人机交互三要素

(1) 人。人是有感知的动物，感觉器官受到外界的物理或化学影响，通过神经系统传递到大脑，产生感知。人的感觉器官主要有触觉、视觉、听觉、嗅觉、味觉等。目前，在人机互动中常以人的触觉、视觉和听觉为主，味觉和嗅觉的潜力还有待开发。

(2) 机器。机器是零件组成的执行机械运动的装置，用来完成所赋予的功能，以代替人的劳动、进行能量变换并产生有用功。

(3) 界面。界面是人与机器之间传递和交换信息的媒介及对话接口，是人机交互技术的物质表现形式。界面包括硬件界面和软件界面，是计算机科学与心理学、设计艺术学、认知科学和人机工程学的交叉研究领域。近年来，随着网络技术的突飞猛进，以及信息技术与计算机技术的迅速发展，人机交互界面设计与开发已成为国际计算机和设计界最为活跃的研究方向。

3.1.2 人机交互现状与未来

人机交互是与认知心理学、人机工程学、多媒体技术、虚拟现实技术等密切相关的综合性学科，主要包括交互界面表示模型与设计方法、可用性分析与评估、多通道交互技术、认知与智能界面、群件及 Web、移动 UI 设计和虚拟交互、自然交互等内容。

随着科学技术的飞速发展，设备不断地更新，演变出了不同的人机交互模式。现有的人机交互技术可分为基本交互技术(鼠标、键盘交互)、图形交互技术(图形 UI、虚拟交互技术等)、多点触控交互技术、体感交互技术(姿态、手势、眼动等)和基于生物识别技术(语音、面部、指纹识别、虹膜等)的多通道、多媒体及智能意识(脑)交互技术，如图 3-1 ～图 3-3 所示。

万物互联是人机交互领域前所未有的重大机遇。基于生物特征的识别技术，基于环境的情景识别技术，基于极致体验的全方面感知技术等，将在全球市场呈现强劲的发展趋势，全新使用场景将会应运而生，并重塑一切方式和关系，而排在首位的正是人与设备之间的连接方式和交互方式。人机交互变革将是继个人计算机、互联网、云计算和大数据之后的第 5 次信息技术领域的重大技术革命。

图3-1 摄像头体感游戏机

图3-2 投影键盘

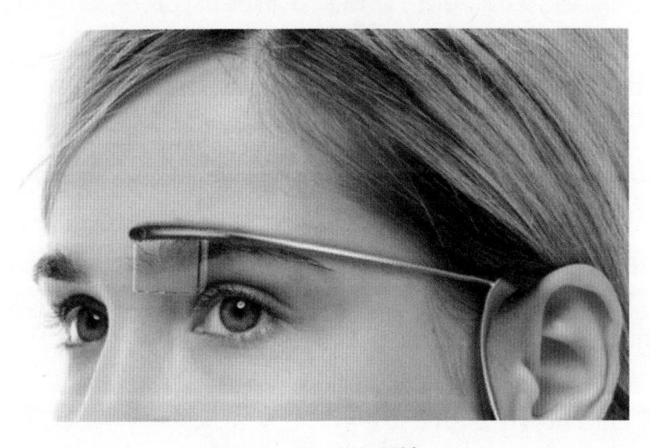

图3-3 Google眼镜

3.2 UI中的交互设计思维

UI 交互需要通过程序编码来实现，有一定的技术门槛。通常，程序员负责编码，而不擅长视觉 UI 设计。UI 设计师又过多地注重视觉效果，有时候会出现视觉非常精美，功能也非常齐全的界面，但是交互却琐碎复杂，用户使用起来非常困难。所以，UI 交互设计大多由 UI 设计师和程序员合作完成，目前只有为数不多的大公司有专职的交互设计师能独当一面。

UI 设计里的交互思维首先要考虑的是如何让用户在操作界面时得心应手，实现操作目的，获得目标信息，得到预期结果，培养用户的使用习惯，使用户能够持续不断地使用并爱用。不管是用交互手段还是结合视觉手段来解决这些问题，最终目的都是让浏览者获得良好的、愉悦的用户体验。这里面包含 3 项内容，即信息传递、交互行为的变革和情感化设计。

3.2.1 信息传递

信息传递是指人们通过声音、文字或图像相互沟通消息的意思。信息传递研究的是什么人说、向谁说什么、用什么方式说、通过什么途径说、达到什么样的目的。这其中有以下三个关键环节。

(1) 译出。传达人为了把信息传递给接受人，需要把信息转化为接受人能懂的语言或图像等，称为“译出”。

界面视觉设计师的一般做法也是最有效的做法是将所有的信息和指令以可识别的视觉方式呈现出来，即可视化设计。

(2) 译进。接受人要把信息转化为自己所能理解的解释，称为“译进”。

视觉界面作为最直接与用户交流的界面，是把抽象的信息结构与交互设计以良好的视觉方式展现给用户，最好是用户一看便知的图像并有明确的操作指示，其基本要求为简洁、清晰、明确。

(3) 反馈。接受人对信息的反应再传递给传达人，称为“反馈”。

反馈是信息理论和控制科学中的一个常用概念，设计心理学将其定义为：向用户提供信息，使用户知道某一操作是否会完成以及操作所产生的结果。在界面中任何可操作的地方，当用户进行操作时，都应及时给予反馈，让用户了解操作已经生效，界面还在用户的控制之下。反馈的内容包括以下几点。

- 用户操作反馈。界面元素在用户进行滑过、点击、移开等操作时，元素的反馈变化。
- 产品状态反馈。产品在运行需要用户等待或者系统出错时的反馈，让用户明白状况。

在人机交互过程中，用户需要不断地收到与操作行为相关联的视听反馈信息，以判定操作结果并决定下一步的操作行为，准确的反馈可以让用户顺畅地感受到自己的操作成功与否。

3.2.2 交互行为

一种“动作”及其相应的“反馈”构成了一种交互行为。有意识的交互行为离不开实施交互行为的主体 (人)、交互行为的客体 (对象)、动作、行为的目的、行为的媒介、交互场景，这些构成了交互行为的六要素。

(1) 行为的目的。这是交互行为产生的诱因，是导致交互行为萌发的深层次的内在因素。比如，当人有了某种想法后，才会开始谋划、行动。

(2) 交互行为的主体。这是指实施交互行为的主动的一方，是交互动作发生的关键要素。

(3) 交互行为的客体。这是指交互活动中的受体，即行为的对象。客体通常具有被动、从属的特征，如电子产品、服务设施等。

(4) 动作。这是指主体实施交互时的行为。

(5) 行为的媒介。这是指实施交互时使用的工具或介质等。

(6) 交互场景。这是指交互行为发生的环境，包括物质环境及非物质环境。

由于客体和媒介的不同，使得交互行为的动作发生改变。人机交互行为伴随着技术的进步和设备的更新，行为方式也在不断增多，并发生重大的变化。

3.2.3 交互行为的变革

如果把 1982 年美国计算机学会 (Association for Computing Machinery，ACM) 成立人机交互专门兴趣小组 SIGCHI(Special Interest Group on Computer-Human Interaction) 作为开端，40 多年来，人机交互技术经历了三次重大变革。

1. 鼠标

鼠标是“自然人机交互”的最初尝试，随后逐步成为个人计算机的标配。1983 年，苹果公司推出世界第一款大众普及计算机“丽萨 (Apple Lisa)”和鼠标，鼠标比键盘更加人性化，在位置指示上也更加精确。鼠标交互常用行为如下所述。

- 移动。控制鼠标光标在界面上的位置。
- 经过。可触发按钮上设置的鼠标经过事件，如鼠标经过时按钮变亮。
- 悬停。悬停在元素上可以显示更详细的信息或指导性可视化内容，如提示标签。
- 单击。单击某个按钮可以调用它的主操作，如执行确定命令。
- 双击。双击应用图标以启动该应用。
- 滚动。显示滚动条以在内容区域中向上、向下、向左和向右移动。用户可以通过单击滚动条或者旋转鼠标滚轮来滚动。滚动条可以指示当前视图在内容区域中的位置。
- 右键单击。右键单击某个元素，可将其选定并显示带有所选元素上下文命令的应用栏，如右键菜单。
- 单击并拖动。移动界面中的所选对象，只要它被设置是可拖动的。还可单击并拖动以选择文本。
- 配合键盘的快捷键操作。如大多数软件可在按住 Ctrl键的情况下旋转鼠标滚轮模拟收缩和拉伸手势进行缩放，或者按住 Ctrl+Shift键旋转鼠标滚轮以模拟旋转手势来进行旋转。

2. 多点触控

多点触控颠覆了传统的基于鼠标、键盘的“交互模式”。苹果公司将多点触控推向大众，带来了全新的基于手势的交互体验。触控交互常用行为如下所述。

- 待机模式。右手操作、左手操作、双手操作、支架等。
- 操作模式。手指触控、笔触、按键、晃动、旋转等。
- 输入方式。全键盘、九键、触屏键、手写等。
- 信息反馈形式。屏幕信息输出、声音、振动、灯光等。

随着可穿戴设备、物联网和车联网等概念的落地，触控技术将拥有更广阔的应用领域。结合高保真影像技术的使用，手势控制技术 (见图 3-4) 将具有很好的应用前景。

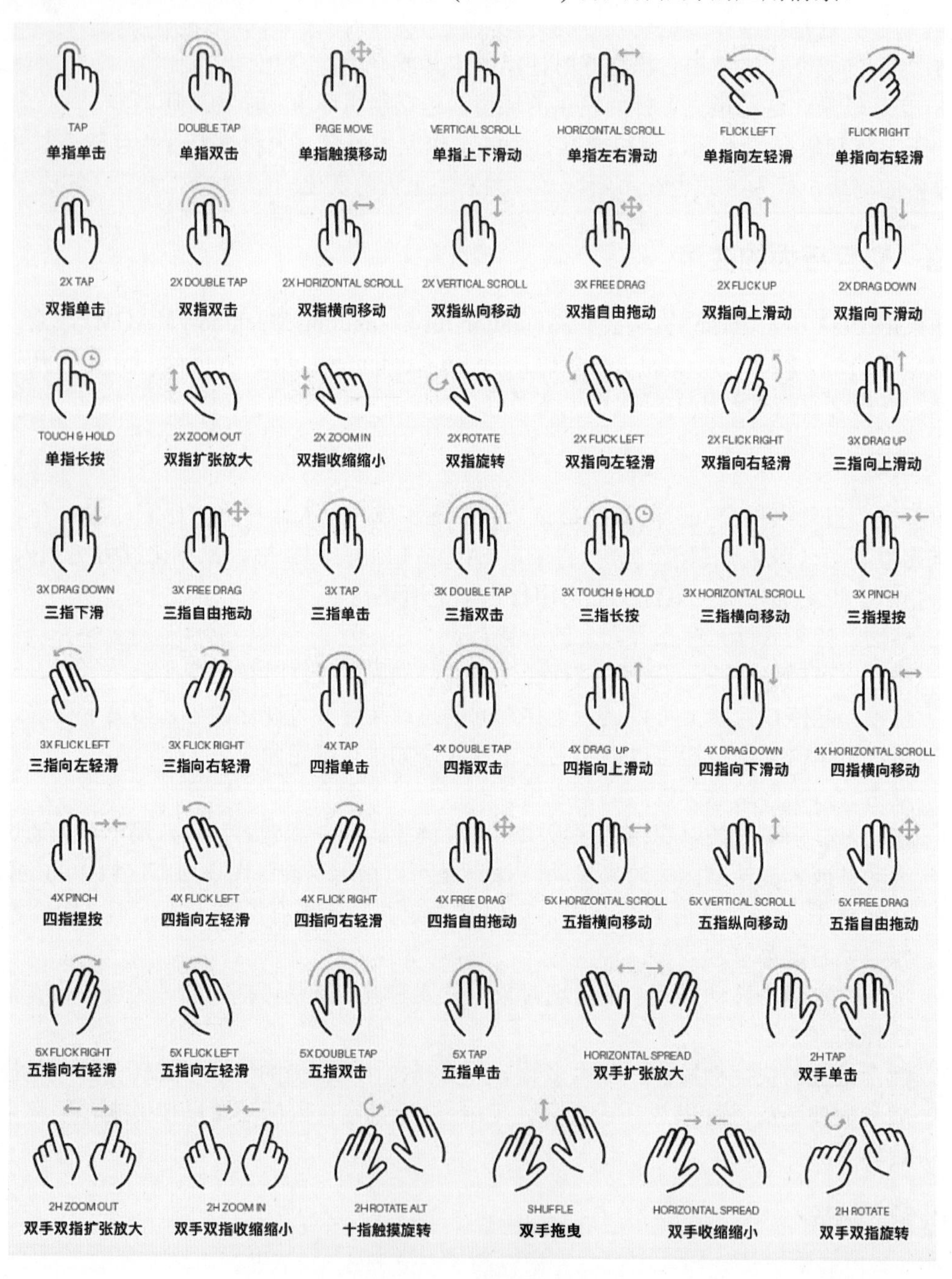

图3-4　手势控制

3. 体感技术

微软公司的Kinect被誉为第三代人机交互的划时代产品，它利用即时动态捕捉、影像识别、语音识别等多通道交互技术，具有不需要任何手持设备即可进行人机交互的功能，未来前景广阔。

随着人类智能意识（脑）的增强和生物识别技术的深入发展，未来的交互行为还将迎来重大变革。

3.2.4 情感化设计

“以用户为中心的设计”思想是交互设计的灵魂，准确地把握用户的情感因素更是交互设计成败的重要标志。交互界面作为人机交互的中间媒介，需要设计师将大量时间投入其中。UI 设计是在限制中寻找自由，一方面不能让繁杂的界面和烦琐的操作影响用户的使用体验，另一方面又要保证交互的流畅性，并在视觉上加以强化，以激发用户的参与热情。

1. “心流”状态

人机交互中用户使用产品后的情感主要分为四大类，分别是幸福与快乐、满意、愤怒、失望与不满。心理学家米哈里 • 齐克森将个人精力完全投注在某种活动上的感觉称为“心流”状态。在平时的学习和生活中，做某件事情时注意力高度集中，全身心投入，会让人忘记时间的流逝，这就是一种“心流”状态。“心流”产生的同时会有高度的兴奋及充实感。成功的交互设计，需要排除一切令用户焦虑或反感的因素，能让用户在愉悦的心情中顺利自然地完成操作，在集中的精力中抒发幸福快乐、满意的情感，在不知不觉中将用户带入“心流”状态。能使用户达到“心流”状态的产品，标志着用户的满意度达到了较高的程度；给人带来愤怒、失望和不满的产品，不会使用户进入“心流”状态。

2. 大脑的本能、行为、反思水平

情感化设计理论指出：人的大脑有不同的水平，如本能水平、行为水平、反思水平。本能水平反应最快，可迅速对好坏安危进行判断；行为水平则是人们的行为活动；而反思水平则是最高级的水平，可反省并设法使行为水平有一种偏好。这三种水平会使人产生不同的行为特点和心理需求，而这些恰恰能反映出他们对一种设计的反馈和喜好程度。

交互设计需要注入新颖、感性、多彩的设计元素，符合用户心智模型的优秀设计能够激发用户的反思水平从而接受这种设计，并在心里为这种设计留一个重要位置，此后用户的脑海中始终会有此印象，甚至还会向别人推荐这种设计的独到之处并以此炫耀自己的这段经历。优秀的交互设计作品总能吸引新老用户来体验，这种良好的信任关系的建立，就是用户不仅仅满足于本能水平和行为水平，其设计已经完全可以满足用户的反思水平。

3. 文化差异

决定用户情感的因素，除了用户的身份与偏爱、UI 设计的审美情趣与可用性外，还受到一个重要因素的制约，那就是文化差异所带来的不同认知。设计师不应忽视这个重要因素，

交互设计既不能无视文化差异的存在，也不能想当然地将自身的文化认知强加在其他文化认知上。交互设计师要充分认识这些文化差异所带来的用户情感上的异同，比如不同的颜色符号，在不同的国家可能被赋予不同的含义；不同的生活方式、思维模式也决定了不同国家的情感模式。所以，要设计符合用户的心智模型，对用户的研究就显得非常重要。

情感化设计首先要做到有效的信息传递，及时的问题反馈，使用户在产品中无障碍地进行交互操作，达到“心流”状态；其次，设计符合用户心智模型的视觉界面，强化界面的艺术表达力，烘托交互氛围，使交互更加有趣味、有表现力、有感染力，进一步强化用户对界面的认知，给用户带来幸福快乐的感受并获得良好印象，让交互产品与用户建立情感联系。现在的交互产品已不只满足于准确地组织和表达信息，而是要使交互设计变得有乐趣，使广大用户在体验到准确快速地完成任务的同时，能够有美好回忆。

3.3 信息架构

在交互产品中，需要传达什么信息？信息有多少？如何有效地编排、组合、展示这些信息？浏览者如何找到这些信息？如何获得有效信息并实现预期目标？解决这些问题就需要进行信息架构。

3.3.1 信息架构师

交互产品的信息架构并不完全是由UI设计师完成的，规模稍大的公司会有专门的信息架构师岗位，他会从跟踪用户研究、产品定位、产品内容等的前期调查准备，到形成信息架构的雏形，再通过测试后的用户反馈意见进行修改完善，这需要多个部门的合作。

信息架构师更加关注信息的组织、层级和架构。他需要对交互产品中将要呈现的内容进行组织管理，按层级分类，对内容进行标题化处理，合理部署信息位置，构建内容的链接，保证跳转流程符合逻辑关系，让内容易识别、易记忆、易理解，让用户高效、无障碍地获取信息并理解内容。

3.3.2 信息架构目标

信息架构的目标就是让用户使用无障碍。怎么达成这个目标呢？需随时考虑以下问题：用户浏览我们产品的过程是怎样的？这个产品怎样帮助用户分类他们的信息？这些信息是怎样呈现给用户的？这些信息有没有帮助到用户，并驱使他们做出决定？

事实上，用户能够直接感知的“UI设计 / 导航设计”只不过是“信息架构”的输出产物。信息架构的终极目标是直接指向用户需求、用户体验的，如图3-5所示。

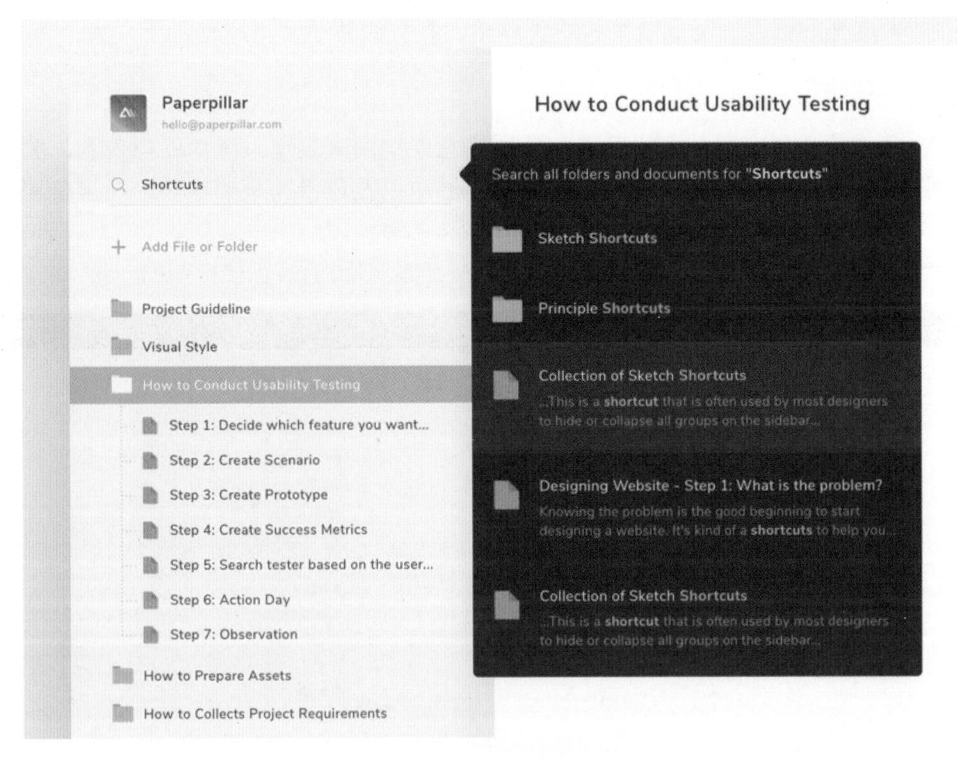

图3-5　UI设计

3.3.3　信息的选择与组织

可以从目标、行为、观点来分析用户的信息需求。交互产品界面是一个信息的“黑匣子”，需要合理地组织，否则信息不能被用户有效地使用。

1. 栏目划分

栏目应按照统一的属性特征对信息和功能进行分类，以符合人的认知规律，从而提高信息选择的准确性和高效性。上级栏目应该包括下级栏目，下级栏目在概念上要从属于上级栏目，这样才符合认知的逻辑。

2. 栏目名称

栏目名称要准确地表达栏目的内容和完成的任务、功能，不要含混不清，否则会让用户花费时间去分析和判断，并影响心理感受；要简洁、易懂，避免使用生僻字词，用户一旦不能理解栏目名称的含义，就会导致错误的选择，甚至终止使用。另外，栏目名称的字数不要过多，一般不要超过 4 个汉字，在读音上要顺口，以便提高记忆度；各栏目名称的字数最好相同，使之便于区分和记忆。

3. 栏目级数

栏目级数主要与有效性和效率有关，栏目级数越多，信息和功能的隐藏就越深，用户就越难发现它，可视性就会越差，有效性就会降低。但是，过少的级数将会导致同级栏目数量增多，并加大选择的难度，降低效率和心理体验。栏目级数通常不超过四级。

4. 信息架构图

交互产品的信息错综复杂，所以常常使用信息架构图来表现系统功能与内容，利用列表图、树状图或思维导图等形式展现要传递的内容层次以及逻辑关系架构等。经常使用信息架构图的是 UI 设计师，它是 UI 设计师的工作指南。

网站地图 (站点地图) 如图 3-6、图 3-7 所示，它们都属于信息架构图的一种。

图3-6　Apple官网地图列表

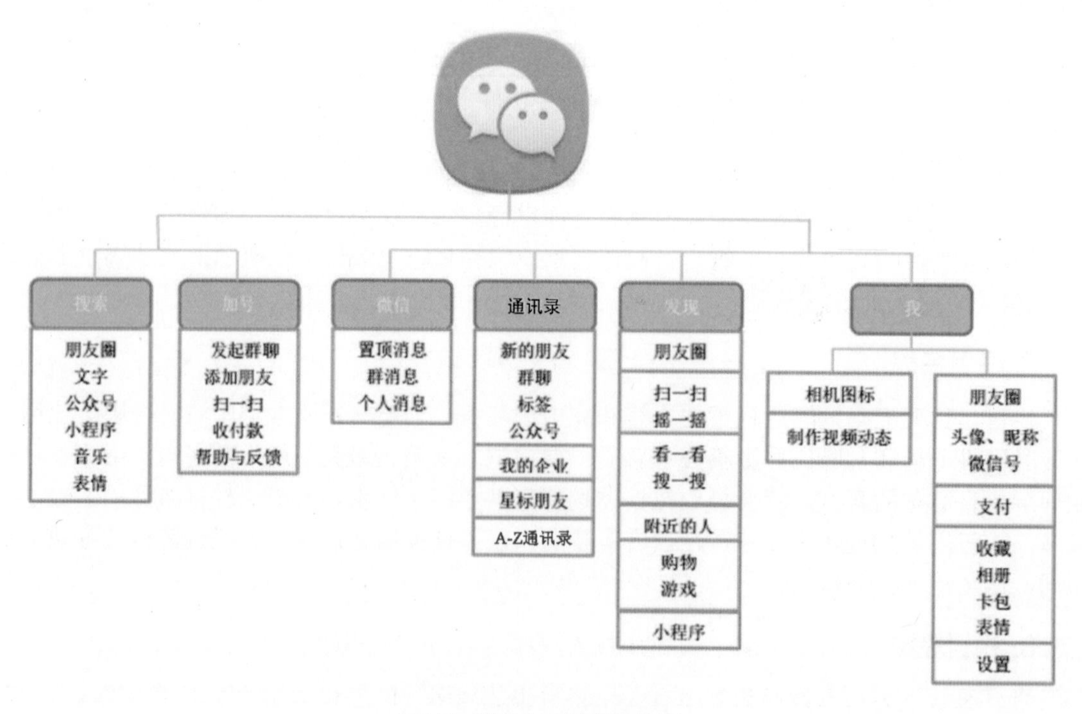

图3-7　微信App信息架构图

3.3.4 界面导航设计

界面导航是通过页面之间的链接来组织访问路径，让用户能高效、准确、满意地完成目标任务。导航应该让人感觉自然和熟悉，并且不应该主导界面或将焦点从内容上转移。设计导航的关键是链接结构的选择和用户的任务分析。

1. 内容驱动或体验驱动的导航

在内容中自由移动，或者用内容本身定义导航。游戏、书籍和其他沉浸式应用程序通常使用这种导航方式，如图 3-8 所示。

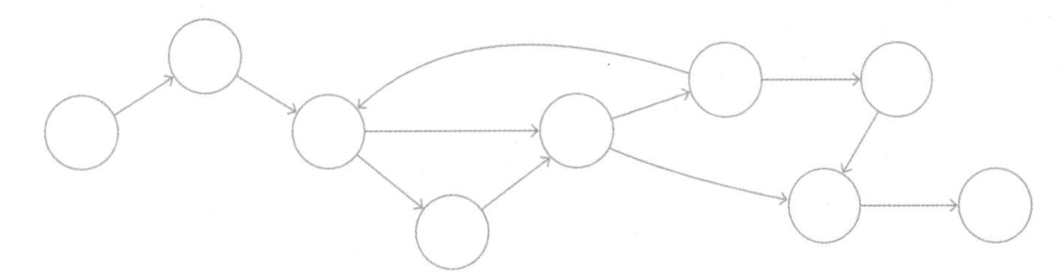

图3-8 内容驱动或体验驱动的导航

2. 平面导航

在多个内容类别之间进行切换，微信和 App Store 常使用这种导航方式。其便利之处在于到其他任何页面都只需点击一次按钮；其不足之处是在每个页面都需要设置多个链接按钮，当页面数量多时，占用屏幕空间大，且浏览者也难以选择。这种链接关系一般可用在各板块首页之间、各栏目首页之间，但数量不宜过多，如图 3-9 所示。

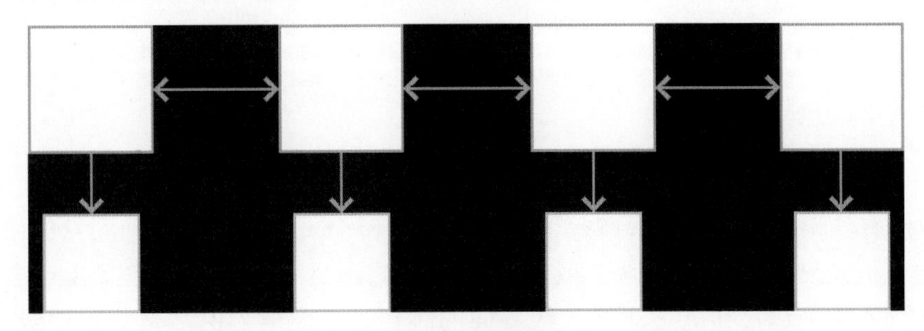

图3-9 平面导航

以微信为例，微信的一级导航栏设计就属于这种结构，“微信”“通讯录”“发现”“我”这四个一级导航栏，不管在哪个一级导航界面都可通过点击实现直接跳转，如图 3-10 所示。

3. 分层导航

分层导航也叫分层结构，根据信息内容，按照板块、栏目、次级栏目关系进行链接，形成像一棵树一样的链接关系图。每个屏幕做出一种选择，直到到达目的地。要前往另一个目的地，必须一直返回或从头开始并做出不同的选择。手机设置和邮件设置使用这种导航方式，如图 3-11 所示。

图3-10　微信的一级导航栏设计

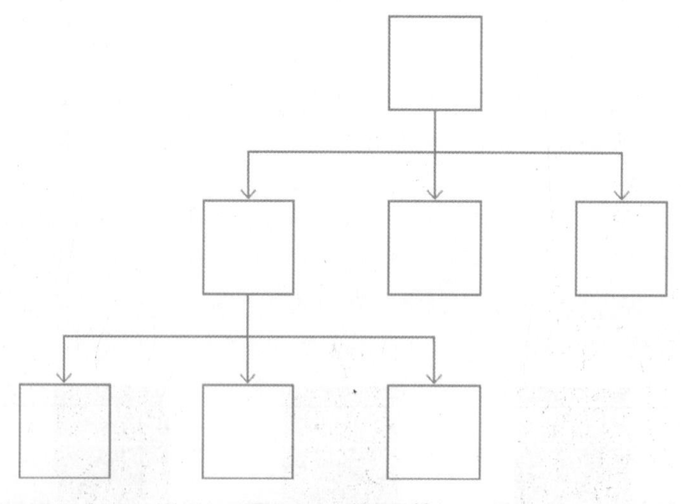

图3-11　分层导航

分层导航有结构清楚、易于理解等优点。但由于每个页面都只能返回到它的上一级页面，如果要从一个板块转到另一个板块，或从一个栏目跳到另一个栏目，都需要点击多次按钮，经过漫长等待才能到达，一般适用于次级界面的跳转。以微信为例，微信的次级界面跳转就属于分层结构，“微信”“通讯录”“发现”“我”这四个一级导航栏不在次级界面中显示，利用“<”按钮返回上一级页面，最终返回主板块，如图 3-12 所示。

通过案例可以发现，在实际应用中，一般采用的是多种导航结构。通常，同级栏目之间采用网状链接；在上下级栏目之间采用树状链接结构；网页设计中各页面均设置有一键回到首页的链接，使用户能够在迷路的情况下找到出口。

不管哪种导航结构，首先要让用户知道他们在应用程序中的位置以及如何到达下一个目的地。无论导航结构如何，通过的路径必须符合逻辑、可预测且易于遵循。一般来说，应给出一条通往每个屏幕的路径。

其次，以需要最少点击、最少滑动屏幕次数的方式组织信息结构，使人们能够快速、轻松地获取内容。

图3-12　微信的次级界面

最后，触摸屏中可考虑使用触摸功能来创造导航的流畅性，以最小的摩擦在界面中实现移动。例如，可以从屏幕的一侧滑动以返回上一个界面。

3.4 流程图

当信息架构好之后，需要进行流程图的制作。流程图表示用户每一个活动的前后顺序，直接表现为各种异常判断。只要有任务目标，就会有流程，但是并不是所有的流程都适合用流程图的方式表现，适合用流程图去表现的流程是在一定程度上固定的、有规律可循的，流程中的关键环节不会朝令夕改。常用流程图的人是产品经理、设计师，或需要了解业务如何运作的人。

3.4.1 流程图的基本构成和常用符号

流程图由特定的图形符号构成，如图 3-13 所示，但具体外观由流程图制作目的、阅读习惯或约定来确定，所以使用的图形符号并不是固定的。形式并不是最重要的，获得描述效果且用户能读懂即可。

符号	名称	意义
	开始（start）/终止（end）	流程图开始/流程图终止
	处理程序/进程/步骤（process）	处理程序
	条件/判定（decision）	不同方案选择
	路径（path）	指向路径方向
	文档（document）	输入或输出文件

图3-13　流程图的符号

3.4.2 交互流程图

交互流程图能将用户的每一步操作的结果或反馈展示出来，即界面之间的逻辑跳转，是交互设计的重要一环，如图 3-14 所示。

以登录界面为例，其中包含三个组成部分。

(1) 界面。一个矩形代表一个界面，图 3-14 中这个流程可让用户走过两个界面，即“登录页”和“首页”。因为表达的是界面的跳转，非界面内容不会出现。

(2) 动作。连接两个界面的关键动作，需要标示出来，如“点击提交按钮”。

(3) 条件。一个动作之后可能有多重“是 / 否”结果，则在矩形之间的动作后加上一个或多个判断菱形，如图 3-14 提交的账号和密码是否输入正确，“是”表示进入下一个界面；“否”表示跳回“登录页”界面。

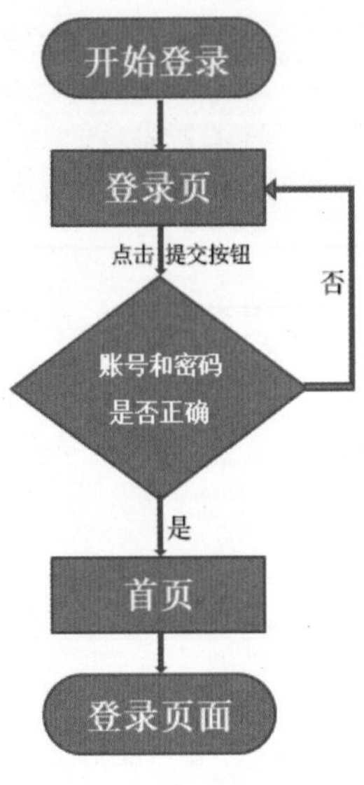

图3-14　交互流程图

3.4.3 制作流程图常用软件

制作流程图其实非常简单，利用常见的办公软件 Word 或 PowerPoint 就能制作。当然，市面上也有一些不错的流程图制作软件，如 Axure RP、Visio、Smart Draw、Omni Graffle 等。

3.5 交互原型设计

制作好流程图后，将其交给 UI 设计师制作交互原型设计图。原型设计可分为低保真原型设计和高保真原型设计。

3.5.1 低保真原型设计

一般情况下，在设计低保真原型之前，会在图纸上绘制线框图，这是低保真原型的一种，也称为纸上原型。它的限制更少，能最大程度地展示设计的原始创意和实现过程，如图 3-15 所示。

低保真原型设计是对产品预期进行较简单的模拟。在此，交互设计师和 UI 设计师合作，将每个界面的内容布局和权重可视化地表达出来，并标注一些交互细节和页面之间的跳转等，如图 3-16 所示。

1. 低保真原型设计内容

低保真原型设计包括三方面的内容：① 界面内要展示的内容；② 信息的分布，即它们的具体位置在哪里；③ 用户的交互行为，即怎么操作及操作后的结果。

2. 低保真原型设计流程

- 确定软件的功能和内容。

- 将功能和内容进行分类、排序。
- 根据信息架构和操作流程进行功能部署，设置站点地图。

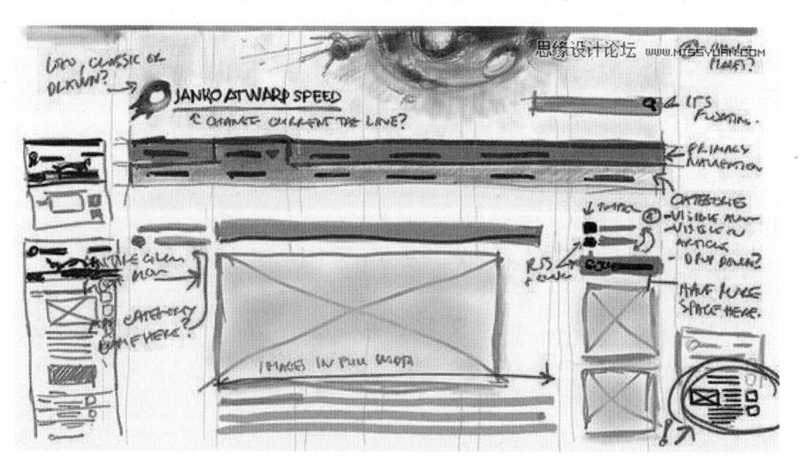

图3-15　纸上原型

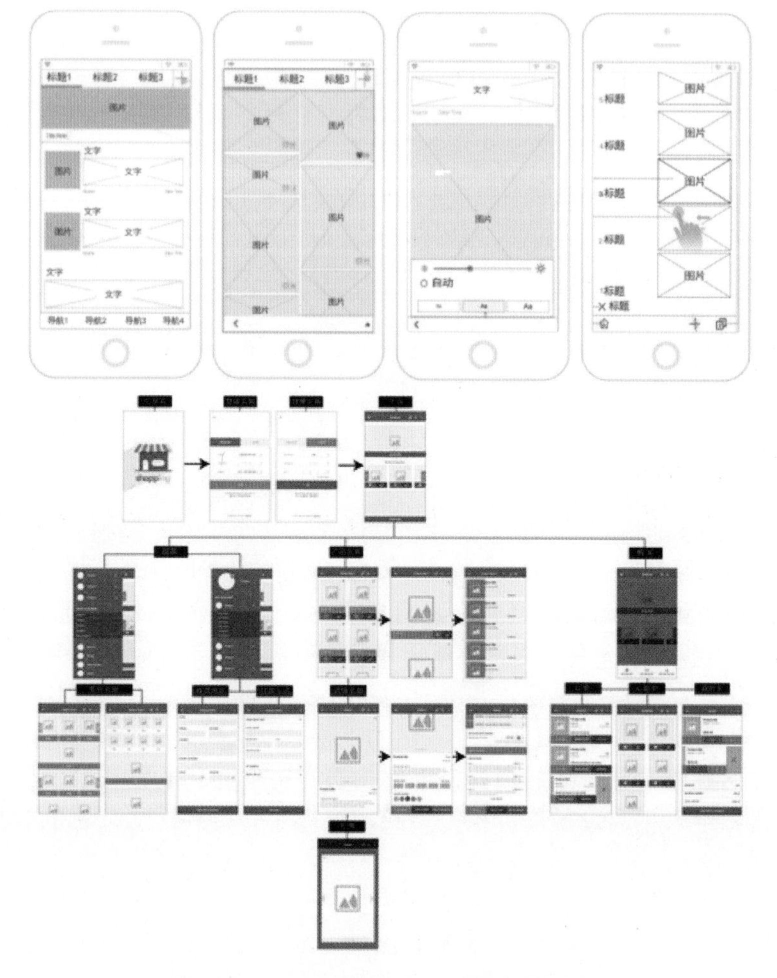

图3-16　交互设计师和UI设计师合作的设计

- 详细定义每一个页面的功能。
- 设计布局，在页面中排布信息、操作按钮、图标、显示区域、反馈弹窗等的尺寸和位置。
- 设计层级跳转链接、点击后的每一步反馈、操作后的界面刷新、按钮状态及具体的操作细节、状态说明。
- 对有交互的地方进行标注。

3. 低保真原型设计的注意事项

一般情况下，此设计使用不同明度的纯色 (常使用灰色和蓝色) 作为背景色来界定页面和模块的边缘，并借此表达不同元素之间的视觉优先级。同时，需要注意以下事项。

- 间距要合理，防止误操作。
- 字符串长短要预估好，规定超出后的处理方法。
- 使用不同明度的灰色表达优先级。
- 尽量不要使用真实的、带颜色的图片。
- 确保使用的元素和符号能被看懂。
- 在图片上写上描述性文字。
- 使用真实文案和数据。
- 切分功能模块，绘制局部线框图。
- 考虑页面依存性，知道何时结束流程操作。
- 先画出主要线框图，然后慢慢补齐。
- 应尽量保留所有设计过程的低保真原型，在后期迭代中逐渐转变为高保真原型。

4. 低保真原型设计常用软件

常见的制图软件 Photoshop、AI 等都可以绘制低保真图，也可以使用 Axure RP、Visio 等软件进行制作。

3.5.2 高保真原型设计

UI 设计师在低保真原型的基础上，加入丰富的视觉设计，可最终制作完成高保真原型图，即用户看到的高保真原型图。它是高功能性、高互动性的原型设计，可以真实地展示产品界面主要或全部的功能和工作流程，具有完全的互动性，使用户可以像使用真实产品一样完成各种任务。例如，数据的输入和输出、菜单选择、导航浏览等，如图 3-17 所示。

大多数情况下，高保真原型设计并不只是设计部门的工作，它需要协调产品的软、硬部件，需要软件开发人员和硬件技术支持人员的支持，以达到虚拟的原型设计要求。虽然高保真原型尽可能达到了实际产品的模样，但它未必是可产品化的设计。把图形文件和交互原型根据项目目标输入相应设备进行模拟检验，这样才会得到更加真实的效果，如图 3-18 所示。

如果必要的话，需要制作 Flash 文件演示原型供甲方操作，用于项目演示和提案。该演示原型也可以用于用户的可用性测试，并根据测试反馈不断修改完善，如图 3-19 所示。

图3-17　高保真原型图

图3-18　高保真原型设计的模拟

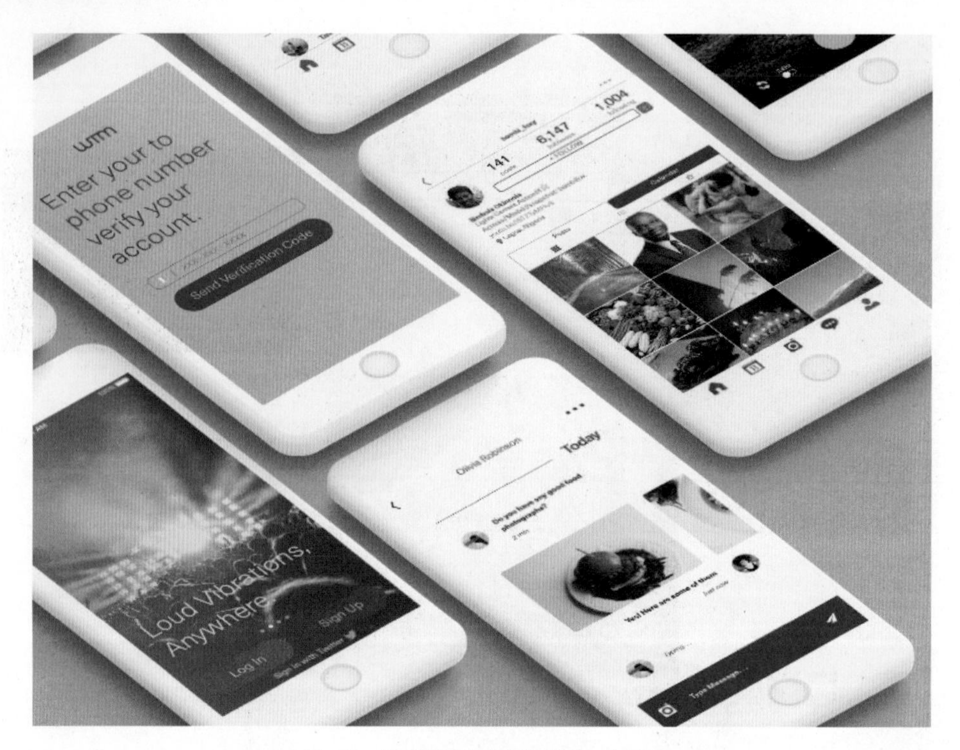

图3-19　高保真原型设计的Flash演示

一个界面是否符合品牌或产品的定位，是否符合用户对产品的认知和期望，用户是否能迅速地熟悉这个界面并能流畅地使用，这些问题并不能直接得到准确的答案，但通过分析与研究信息架构、交互设计和视觉转换可实现适合特定用户的产品。如果信息架构关注信息的组织、层级和架构，交互关注特定人物角色的目标、背景和行为模式；那么 UI 设计则更关注如何将这些行为与信息转换为可视化和情感化的状态。

第4章

UI 视觉元素

UI 视觉的形成是训练有素的设计师采用适当的手法通过基本的视觉元素进行组合搭配以获得预期的结果。色彩、文字、图片、图标和控件是组成界面的最主要元素，它们的排版布局和组合向我们展示了不同的信息。在当今这个信息爆炸时代，到处充斥着大量的信息，杂乱的信息带来的视觉疲劳是显而易见的。如何正确地处理这些元素之间的关系，是能否向用户展示最有效信息的关键。

4.1 色彩元素

视觉是通过眼睛与物体形象接触后所产生的感觉。

4.1.1 色彩属性

色彩的三大属性包括色相、明度、纯度。利用色彩的三属性进行合理的设计与编排，就能达到预期的视觉效果。

1. 色相

色相是色彩的首要特征，不同的色相给人带来不同的心理暗示，如粉色代表娇柔浪漫；紫色具有神秘感；红色给人张扬、激情的感觉；黄色带来年轻、希望的感觉；黄色与黑色搭配给人一种危机感，同时带有警示的作用；橙色让人兴奋也让人更有食欲；绿色给人清新的感觉，也能使人宁静……不同的文化也影响着人们对颜色的认知，如西方人认为白色代表纯洁，中国人认为红色代表喜庆，等等。

以京东 App 和京东到家 App 为例，这两款 App 虽然同属于京东旗下，但是由于定位和受众的不同，它们选用了两种截然不同的颜色：一个以红色为主，一个以绿色为主。京东电商平台的定位是专业的综合购物商城网站，主打正品低价，京东 App 图标和首页的主色选用了中国人偏爱的大红色，给人亲切感的同时也有可信赖之感，而且有研究表明红色也有刺激消费的作用，更容易引起消费者的冲动性消费；而京东到家 App 的主要业务是链接用户住家附近的线下门店，口号是“千万好物，一小时抢鲜到家”。所以，运用绿色主题突出新鲜、快捷的产品定位，如图 4-1、图 4-2 所示。

2. 明度与纯度

色相的明度和纯度的变化也会给人带来不同的心理感受。以微信 App 图标更新前后的变化为例：微信 7.0 版本，除了功能更新外，其图标颜色的明度也发生了变化 (这个变化在 iOS 系统中更为明显)。老图标绿色的色值为 R=0、G=205、B=12，新图标绿色的色值为 R=0、G=223、B=106。新版图标虽然色相还是绿色，但是明度和纯度均有所增加。新图标中白色对话气泡图形还稍稍被缩小了，显露出更多的底色。虽然只是颜色和大小的小小变化，却让整个图标更显雅致沉稳，如图 4-3 所示。

这样的改变还将它与同色系的其他 App 图标区别开来。例如，同为白配绿图标的爱奇艺 App 和豆瓣 App 图标，老版本微信图标与它们同为亮绿色，降低了明度和纯度的新版本图标在同一界面中一眼就能识别出来，让用户能在桌面上繁多的图标中更快速地找到微信，如图 4-4 所示。

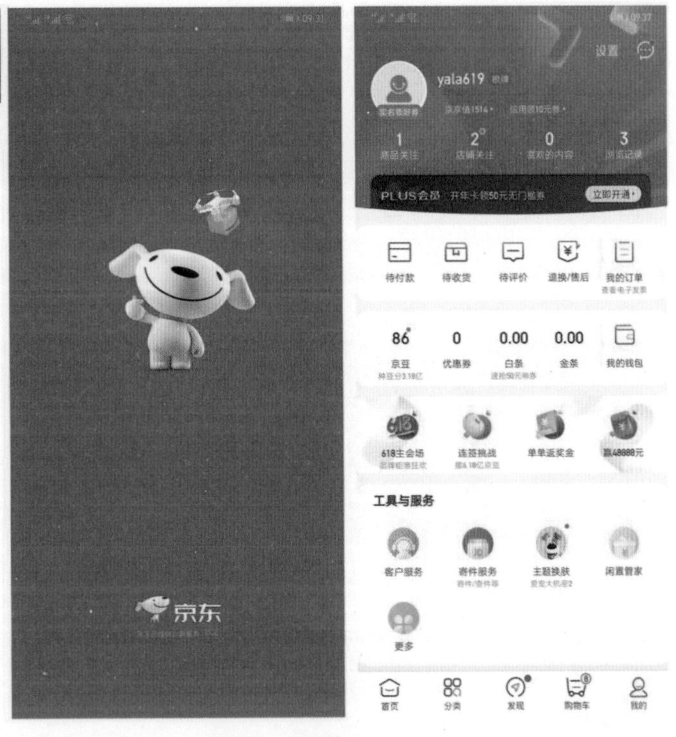

图4-1　京东App

图4-2　京东到家App

微信旧图标

微信新图标

图4-3 微信图标

图4-4 微信与同色系的其他App图标的区别

4.1.2 色彩搭配的黄金法则

界面中总是由具有某种内在联系的不同色彩组成一个完整统一的整体，形成画面色彩的总趋势。我们称画面中占最大面积的颜色为主色调；仅次于主色调面积的为辅助色，辅助色起到烘托、融合主色调的作用；再次是点睛色，用来突出主题效果，与主色调反差较大，面积也最小。那么，初学者应该怎样快速掌握界面色彩面积对比关系呢？有一个通用的基本法则供大家参考：主色调、辅助色和点睛色在界面中按照 60 ∶ 30 ∶ 10 的面积比进行颜色搭配，这也被业内称为色彩搭配的黄金法则。当然，设计不是做考试题，会有标准答案，只要符合大致的比例关系，设计师也可根据创意需求进行适当的调整，如图 4-5 所示。

图4-5 色彩搭配

4.1.3 色彩搭配与界面风格

利用不同的色彩属性、面积对比等可以搭配出不同的界面风格，大家可以把色彩搭配玩起来，多多尝试创意组合。

1. 柔美、小清新风格

对大面积同类色，运用高明度、低纯度调和的搭配手法，创造柔和的、明亮的视觉特征，常用于柔美的女性风格或小清新风格产品，如图 4-6 所示。

图4-6 柔美、小清新风格

2. 复古、暗黑风格

对大面积的类似色调，运用低明度、暗色调和小面积亮色对比搭配出厚重、有质感的界面风格，适用于复古和神秘感的主题；再搭配各种主题元素，可形成复古风、暗黑风或朋克风等，如图 4-7 所示。

3. 卡通风格

对大面积的中高明度，运用一定纯度的邻近色对比的搭配手法，创造出活泼生动的卡通风格的界面，如图 4-8 所示。

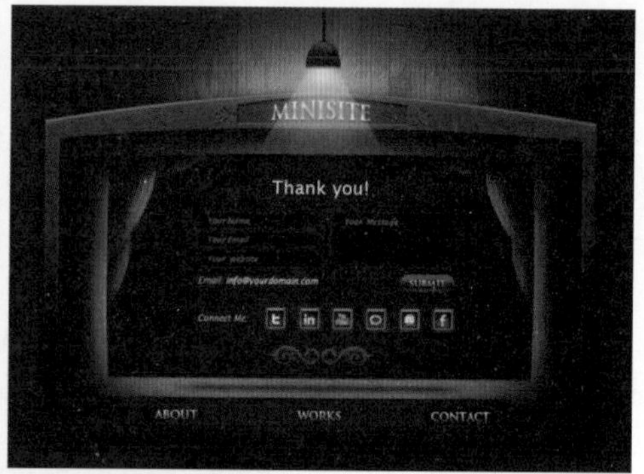

图4-7　复古、暗黑风格

图4-8　卡通风格

4. 科技风格

运用无彩色黑、白、灰与不同的色彩进行搭配，也可展现不同的科技风格的界面。图 4-9 所示为白色、灰色搭配蓝色展现的科技风格。

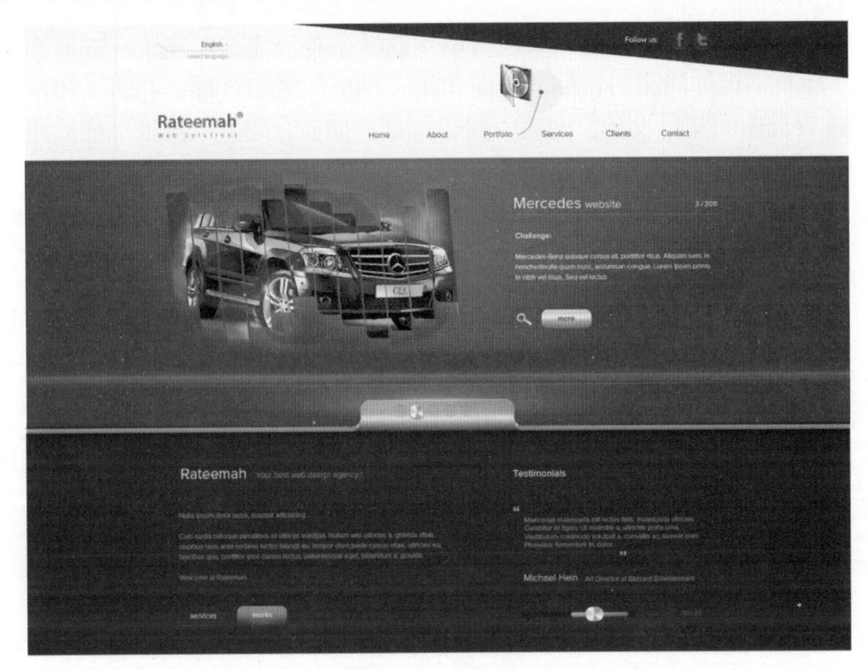

图4-9 科技风格

5. 个性时尚风格

最暗的黑色搭配最亮的黄色展现出一种个性时尚风格，如图 4-10 所示。

图4-10 个性时尚风格

4.2 文字元素

文字是 UI 设计中一个重要的组成部分，对产品的用户体验具有至关重要的作用。好的文字体验，应该是让人赏心悦目的，读起来不费劲的，能快速、便捷地获取信息；不好的文字体验，会让用户不再使用你的产品，转而使用文字搭配更加合理、界面更加友好的竞争对手的产品。UI 设计中的文字设计原则是能够将信息快捷、有效、准确地传达给用户。若要达到这样的目标，就需要对 UI 设计中的文字功能进行归类。不同类型的文字有不同的职能，在 UI 中的文字类型大概可以分为标题类文字、正文类文字、提示类文字和交互类文字等。

4.2.1 标题类文字

标题主要是让用户在短时间内了解界面的大致内容，要求简洁明了。

1. 导航类标题

导航类标题一般有顶部栏标题、底部栏标题、列表标题、表单标题等，如图 4-11 所示。这类标题用字少，上下级一般有从属关系；字体清晰易识别，多选用常用字体；字号选用要适中，因为其所占空间有限；配色一般使用深灰色或者企业色。导航类标题虽然很重要，但也不能过于抢眼。

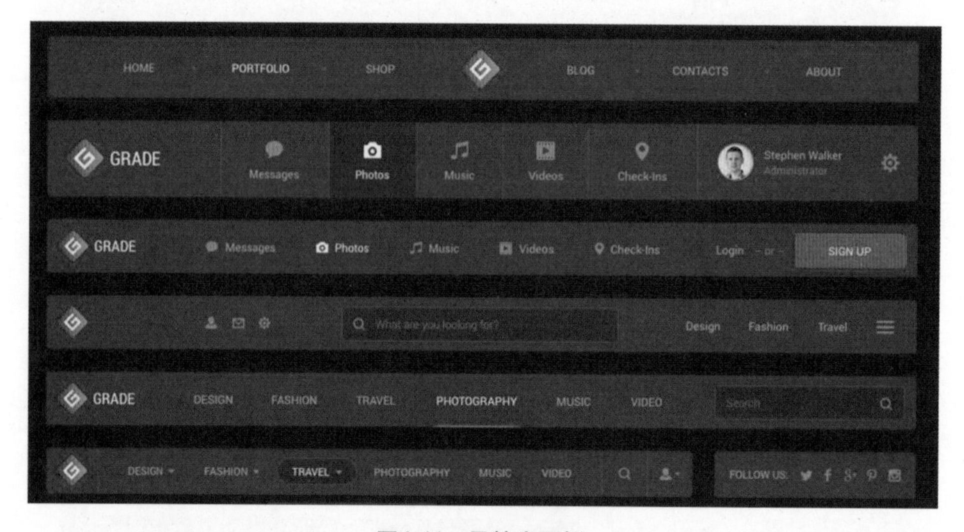

图4-11 导航类图标

2. 主标题与次标题

详细内容的主题字也称为主标题。为了节约用户时间，主标题应简练。Jacob Nielsen 的一项研究表明，主标题包含 5 ～ 6 个单词 (英文状态下) 最合适。中文其实也是一样的，标题应紧扣内容，言简意赅，多用名词或名词性短语，少用句子。主标题字号应该足够大并加粗，需要用户第一眼就能注意到；字体随意，如无特殊规定，可根据创意需求进行设计；配色时应注意与底色或底图的对比关系。设计主标题的一个主要原则就是易于识别，不给阅读造成障碍，如图 4-12 所示。

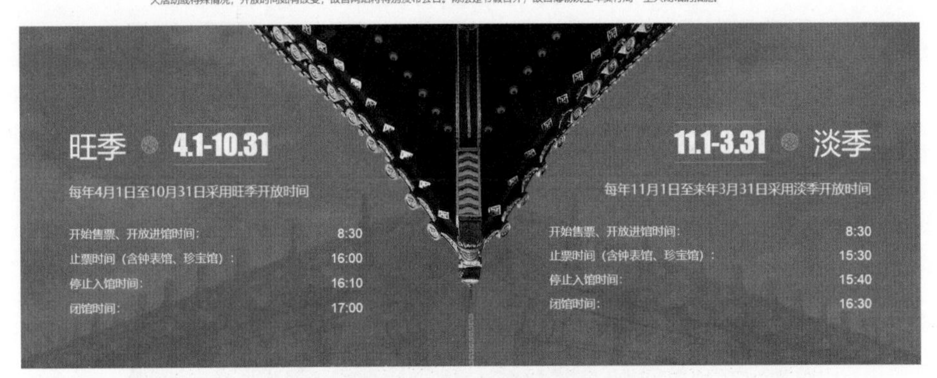

图4-12　主标题与次标题

虽然这里强调要突出主标题来吸引用户的注意力，但是不要过度突出，因为用户对于具象元素 (插画、icon、图像或摄影图等) 的感知能力远比文字要强得多。如果我们想宣传一款产品，那么最好的方案就是直接给用户展示产品图片，如图 4-13 所示。文字和图片搭配使用的时候，文字只是起到辅助说明的作用。我们不能过度放大主标题的尺寸造成对图片的遮盖，这样是本末倒置的。

图4-13　直接给用户展示产品图片

将所有的信息都塞进主标题也是不太现实的，遇到这种情况，需要加入次标题。次标题的要求和主标题类似，都要求文字简洁，概括性强。和主标题一样，对次标题也要进行加粗处理。当然，为了和主标题加以区分，字号要稍微小点，如图 4-14 所示。

不管是导航标题还是段落主标题，都需要将标题分为不同等级。一般来说，层级越低的标题颜色越浅、字号越小，通过字符颜色的深浅和字号大小的搭配可以让界面具有清晰的视觉层次。

以微信 App 为例，在微信消息列表和聊天界面中，用户名和聊天记录的文字颜色深浅正好是反过来的。在消息列表中，用户关注的是谁发的消息；而到了聊天界面，用户更关注的是好友说了什么，所以这里用深浅不同的文字来帮助用户加以区分，如图 4-15 所示。

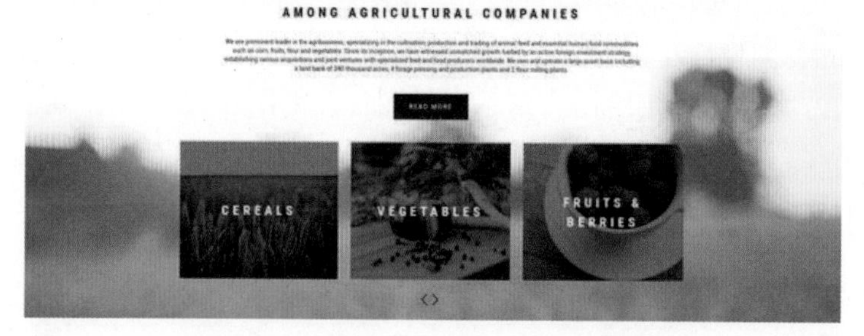

图4-14　文字简洁、概括性强的主次标题

图4-15　微信消息列表和聊天界面

4.2.2 正文类文字

正文类文字提供详细说明和解释，它比标题类文字的颜色要浅一些。一是因为一般人不喜欢看文字较多的正文，需要用较深的标题文字引起用户的注意，诱导用户去阅读正文文字；二是阅读大段文字时，浅一点的颜色会让读者的眼睛舒适一些；三是过于花哨的配色会使整个界面显得凌乱，造成主次不分。

正文是提供详细说明和解释的文字，从页面层级的角度来说，重要性要低于主标题和次标题。对正文文字长度没有定论，有人认为长的文案可以给用户提供更为详细的信息，而且看起来更加正规严谨，但是也有人认为用户不喜欢阅读过长的文字，这就需要设计师根据具体的情况进行取舍。

1. 产品定位

产品定位对于正文文案的编排具有决定性意义。例如，你要设计一个偏文艺小众的界面，正文文案要足够短，页面中要有大量的留白，这样才会给用户一种透气、从容、开放、平静、自由的感觉，而这些感觉是与产品的风格相契合的；如果这类页面中的元素都挤在一起，就会导致视觉压力，引发用户紧张。当然，并不是所有拥挤的页面设计都会引发紧张情绪，如果文字和页面中其他元素之间的空间处理得合适，行间距留得足够大，那么也可以做到在保持内容可读性的同时保留了页面的“呼吸感”，如图 4-16 所示。

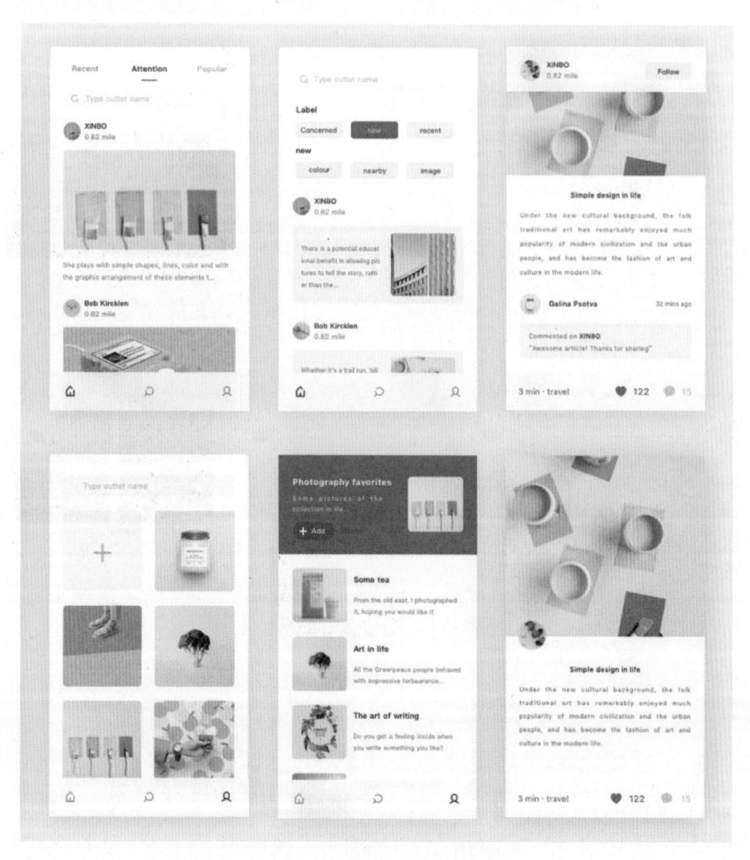

图4-16 正文的合理编排

2. 短文案

一般来说，短文案适用于移动端。相对来说，移动端的空间有限，文字太多会显得比较拥挤，在影响页面美观程度的同时也会降低用户的阅读体验。长文字更适用于电脑端，电脑屏幕相对较大，有足够的空间来展示特定内容的详细信息或者用户需要仔细阅读的不太熟悉的内容。

如图 4-17 所示，这是一个适用于移动端的租房信息 App，虽然包含了大量的文字，但是设计师将文字在逻辑上分为许多简短而集中的文字块。这些文字块配以突出的标题和引人入胜的插图，变得很有活力。

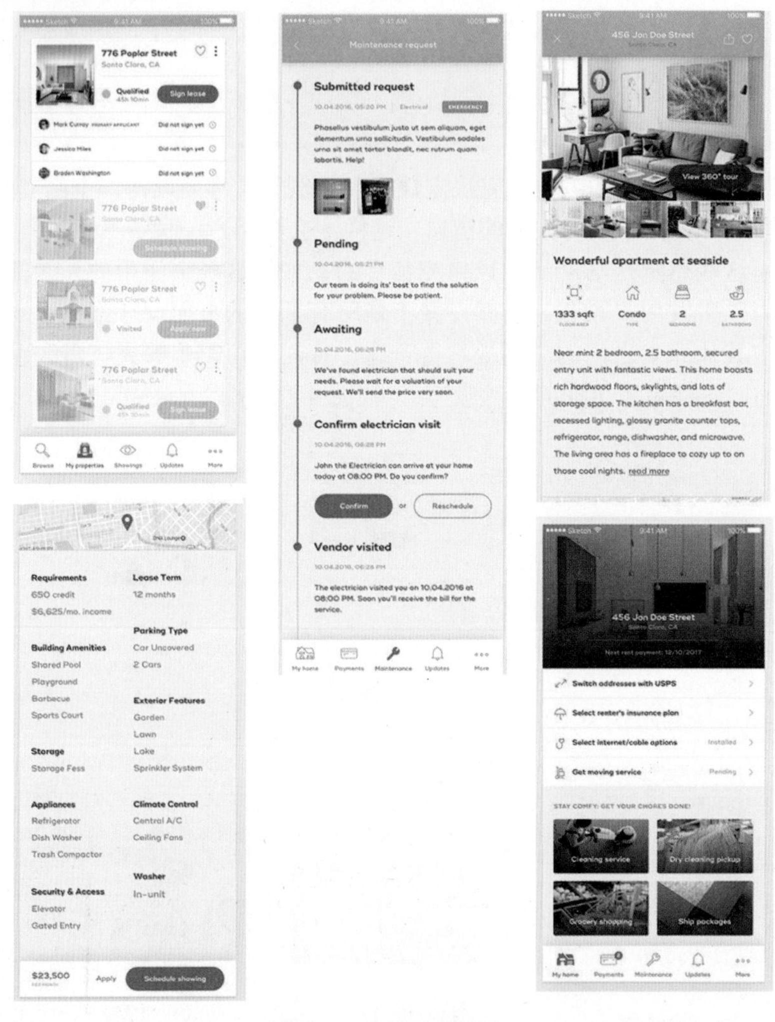

图4-17　短文案的设计

3. 图文结合

将繁多的文字进行可视化的视觉设计也是不错的方式。例如，“局部气候调查组”公众号就利用长图进行科普知识的内容宣传。与上一个案例一样，它将长文分段化。此外，它还将枯燥乏味、晦涩难懂的科普文字进行可视化的图像转换，利用长图的形式进行说明，形象生动利于理解，让人们在悠闲娱乐的氛围里快乐地学习科普知识，如图 4-18 所示。

图4-18　图文结合的设计

4. 字体选择

正文因为字体尺寸比较小，显示器的像素不能表现小字体的细小衬线，会出现锯齿，对易读性影响很大，所以建议正文使用无衬线字体。如果非要使用衬线字体，需要在不同的设备上测试字体的实现效果，如图 4-19 所示。

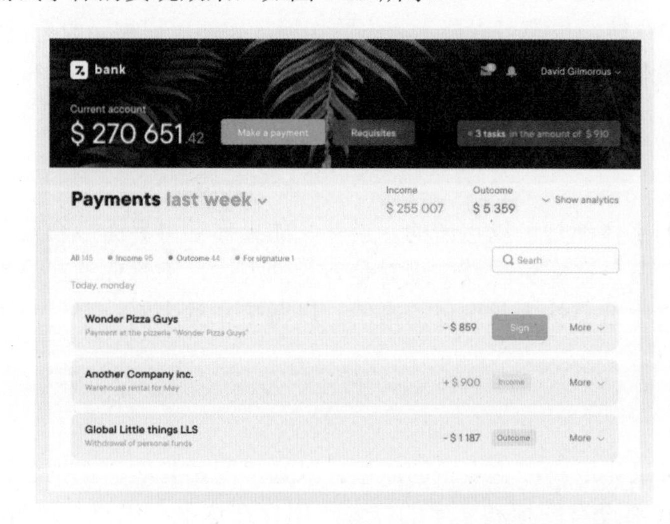

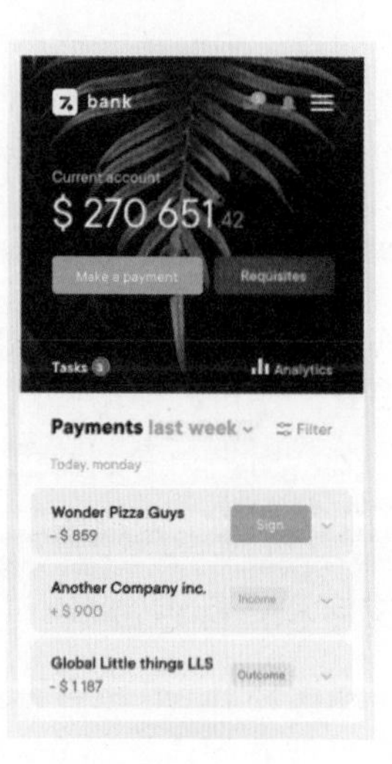

图4-19　无衬线字体的效果

4.2.3 提示类文字

提示类文字就是给用户提供引导和提示。提示类文字要足够显眼，让用户很容易注意到当前展示的状态，如未读消息数量小红点 、福利、当前进度等，如图 4-20 所示。

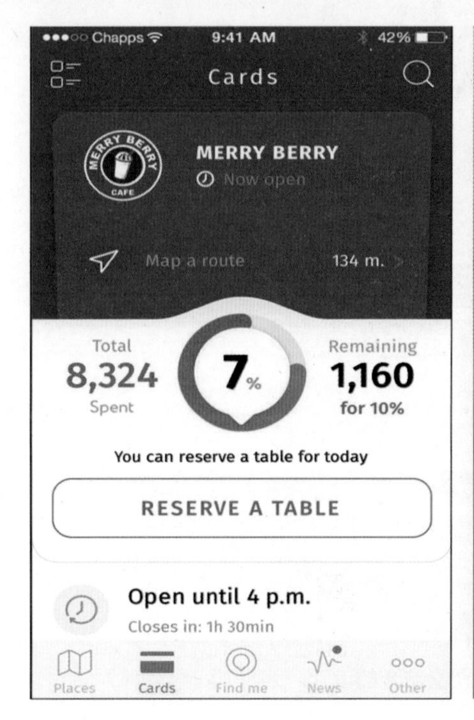

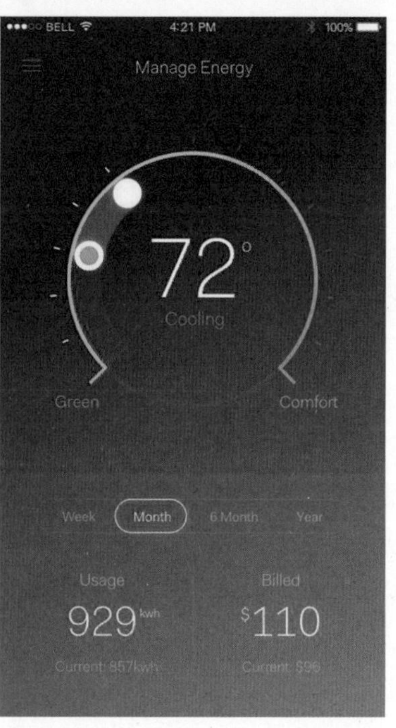

图4-20 提示类文字

4.2.4 交互类文字

交互类文字就是能够让用户完成点击操作的文字。交互类文字和后面会讲到的按钮其实有很多共同点。它们都支持点击跳转，也都可以展示状态的切换。按钮可以展示复杂的动效，交互类文字与按钮相比更加轻量化，适合极简的风格设计。设计交互类文字的首要目标是让用户觉得这个文字是可以点击的。要促使用户点击，有以下几个常用办法。

1. 颜色区别

目前，用户觉得带有颜色的字体都是可以点击的。当然，如果你觉得界面中企业色出现得过于频繁，还可以使用蓝色。蓝色在配色领域中绝对是万金油型的，不管你的产品界面主色系是什么，用户一看到蓝色文字就会认为是可以点击的。以微信文章为例，可以点击的文字应与正文区别开，如图 4-21 所示。

2. 文字和图标组合

文字和图标 (icon) 组合也可以让用户产生点击的欲望。以知乎网站为例，在推荐帖子列表中用户只能看到内容简介，底部设有图标和文字的样式，用户在这里可以直接进行点击、评论、分享、收藏、感谢和查看回答等，如图 4-22 所示。

图4-21 微信文章的配色

图4-22 知乎网站

4.2.5 行为召唤语句

行为召唤其实有的时候不需要文字也可以完成，比如电话按钮或者短信提示都是用图标完成的。但是在一些特殊情况下，内容过于抽象无法用图标来诠释的时候，可以使用行为召唤语句。例如，在登录界面上，希望用户的注意力在“登录”按钮上，所以对下方的“忘记密码”和“快速注册”要进行弱化。虽然弱化了，但只要行为召唤语句多使用动词，就可以引起有此需求的用户的点击，如图 4-23 所示。

图4-23　知乎登录界面

4.2.6　文字动画

利用文字动画引起用户的视觉注意力，用户也会产生点击的欲望。有时候界面空间有限，我们可以使用向上、向左滚动或游走的形式制作较简单的文字动画，如图 4-24 所示。

图4-24　文字动画

4.3 图片元素

在视觉设计中，图片是不可缺少的、最基本的视觉元素，具有举足轻重的作用。在一些传统的视觉设计中，它对文字起到辅助作用，是文字形象化的补充。但在UI设计中，图片经常作为主体来使用，成为画面的中心。这是因为图片能够在极短的时间内传递更多的信息，吸引用户的注意力，抓住用户的视线，诱使用户点击，传递更多的信息。

4.3.1 界面中图片的种类

图片在UI设计中的运用多种多样，下面列举几种常见的图片种类及用法。

1. 欢迎界面图

图片常用于欢迎界面。欢迎界面是进入主界面前的画面，一般会根据业务需要放置风格不同的图片，以缓解加载等待的焦虑，也有将广告、新功能介绍或使用流程说明等放置在图片中进行宣传，还有的会设置交互指令强迫点击，大多数可选择直接跳过，如图4-25所示。

图4-25 欢迎界面图片

2. 背景图

背景在界面中占据的面积往往较大，使用的图片就决定了界面主色和风格定位。常用纯色或渐变色的图片来决定画面的主色调，也有使用风格化的图片来给整个界面风格定位，如

图 4-26、图 4-27 所示。

3. Banner图

除了背景图，在界面中面积最大的图就是 Banner 图。它的重要性不言而喻，一般会放主图或者广告。这里常常是流量的入口，常配以页面切换动画特效，引导用户点击进入页面，如图 4-28 所示。

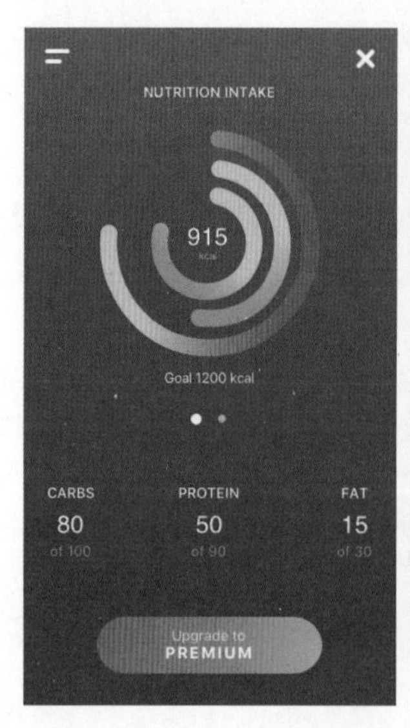

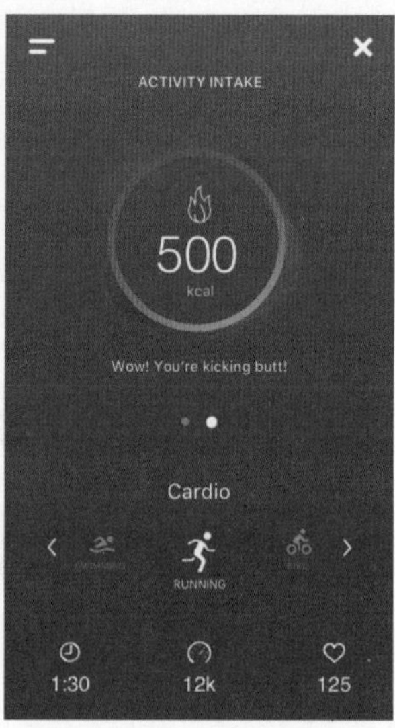

图4-26　背景图1

图4-27　背景图2

图4-28　Banner图

4. 信息图

信息图一般都是产品图或主图，同时配上文字说明。在当今这个读图时代，到底是文字辅助了图片，还是图片辅助了文字，还真说不清楚。其实也不需要去纠结这个问题，只要图文搭配相得益彰，并让用户满意，实现 UI 设计交互的目的就可以了。小红书 App 中，界面以信息图为主，点击可进入相应文章，如图 4-29 所示。

图4-29　小红书App的信息图

5. 占位图

当图片尚未加载出来时，可以使用占位图或纯色背景让用户对页面布局有心理预期，知道当前位置会有一张图片，如图 4-30 所示。

图4-30　占位图的应用

4.3.2　选择图片的原则

1. 图片有焦点

附带信息的图片必须清晰，分辨率也要高。图片必须有明显的焦点，消除观者的猜想，不要有与焦点争夺注意力的东西。有时是需要用户通过图片寻找信息的，图片中包括太多的细节会使观看者掉进这些细节里面，如图 4-31 所示。

图4-31　有焦点的图片

2. 图片有含义

设计师应该根据设计需求来决定画面中的内容，体现要表现的东西，告知要显示的东西。根据图片中的视觉线索来告诉观者应该注意什么，如图 4-32 所示。

图4-32　有含义的图片

3. 风格要统一

图片风格要和界面定位一致，应选择合适的图片或者用修图手法使画面和谐统一，如图 4-33 所示。

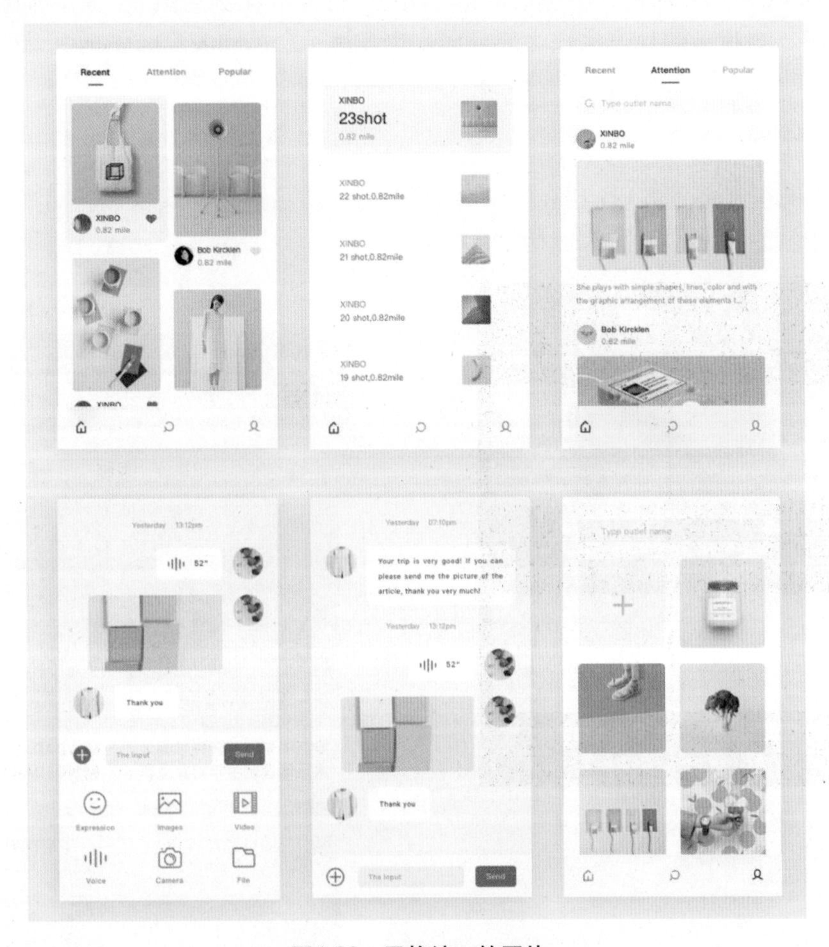

图4-33 风格统一的图片

UI 设计师要用图片来打动观者，最好使用直观、清晰、富有含义的图片，再添加上反复推敲后的文字。图片的本质是压缩的信息，画面必须体现要表现的东西，让人扫一眼就能把握它的含义。

4.3.3 图片常见比例

在 UI 设计中，根据产品属性、定位等差异，图片的比例关系也应有所不同。下面列举几种常见的图片比例。

1. 2：3比例

2 ∶ 3 ≈ 0.666，较为靠近黄金比例，相机拍照的全画幅尺寸比例即为 2 ∶ 3，其他尺寸均是通过裁切而成，因此在界面中看上去比较舒服。此比例常用于信息图、banner 中，如

图 4-34 所示。

2. 3：4比例

3:4 比例的图片在界面设计中也很常见。相比于 2 ： 3 比例的图片，3 ： 4 比例的图片的图像更为紧凑，多用于图片占比较大的界面，也多用于产品列表、banner 中。小红书、闲鱼等的信息图，常常使用 3:4 比例的竖构图，如图 4-35 所示。

3. 1：1比例

1 ： 1 比例也就是正方形构图，这种构图多用于产品展示、头像、特写展示等界面中，在电商界面中较为常见，如图 4-36 所示。

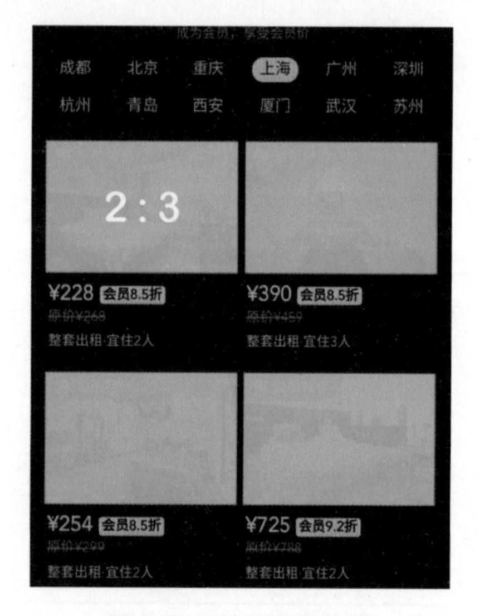

图4-34　2:3比例的图片

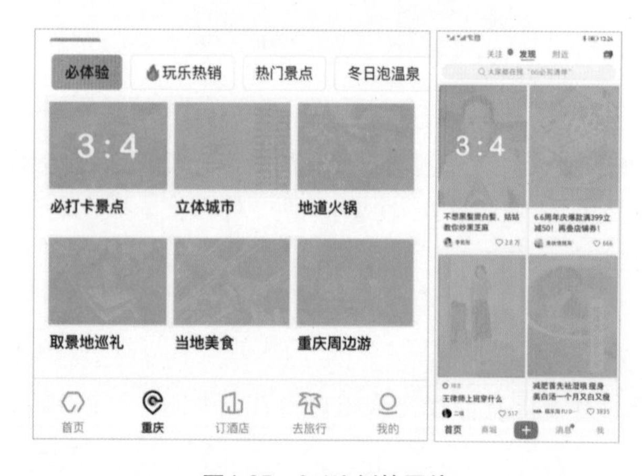

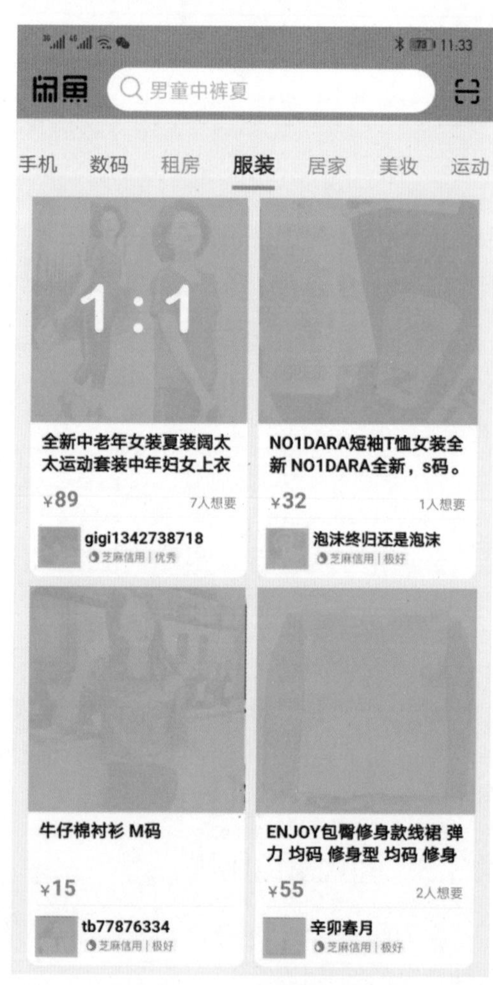

图4-35　3:4比例的图片

图4-36　1:1比例的图片

4. 16：9比例

16 ： 9 比例的图片是电影中的常见构图，该构图给人视觉开阔的感觉，常见于视频类界面中，如图 4-37 所示。

5. 突破常规

按照常规比例设计可以让构图更舒服，但突破常规往往也会有新的视觉效果，获得用户的青睐。比如，不同比例的图片混合使用，可以更灵活地设计界面，如图 4-38 所示。

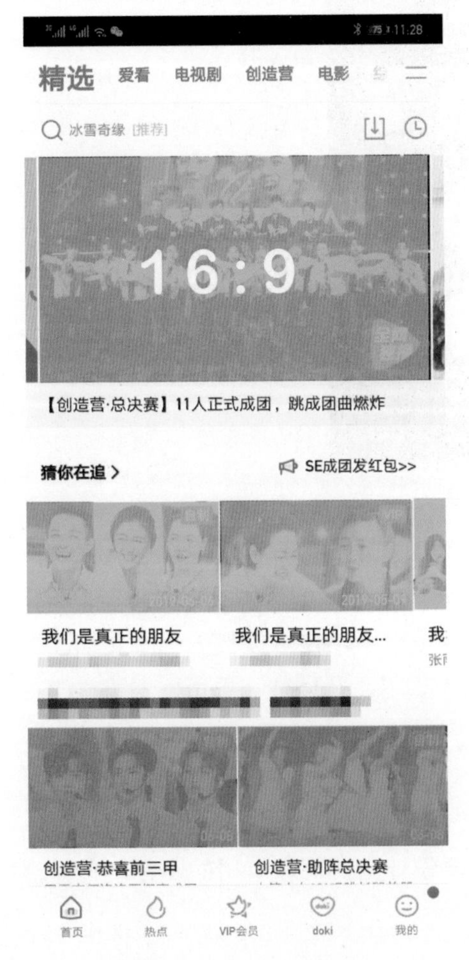

图4-37　16：9比例的图片

图4-38　同时用不同比例的图片设计界面

4.4 图标元素

图标在 UI 设计中扮演着极为重要的角色，是 UI 设计不可或缺的重要元素，甚至有些初学者狭隘地认为图标设计就是 UI 设计。

4.4.1 图标的概念

广义的图标是指具有明确指代含义的图形符号，狭义的图标是指应用于电子产品中的图形符号，如图 4-39 所示。

图4-39　图标

图标在界面中具有功能与视觉兼备的双层作用，它是用户和计算机之间建立关系的一个桥梁。图标的链接性作用非常重要，它以图形符号的形式来规划并处理信息和知识，通过隐喻建立起计算机世界与真实世界的联系。图标在 UI 设计中不仅可以代表一个文档，还可以代表一段程序、一个网页或是一段命令。用户所要做的只是在图标上单击或双击一下。特别是动态图标，它比文字形式的链接更能吸引人的注意力。

4.4.2　图标设计原则

在 UI 设计中，图标设计占有很大的比例，想要设计出美观、实用的图标，首先需要了解图标设计的原则。

1. 准确地传达意图

图标的具象化特征要突出，好的图标应该是浏览者看一眼就能知道其功能。通过简约的图形可以将该图标的功能表现得具体和形象，这极考验设计师的高度概括能力。要避免因颜色过于花哨而掩盖了其外形特征，妨碍图标信息的准确传达与识别。图标应准确地传达设计意图，让用户更容易记住，如图 4-40 所示。

2. 具有吸引力

图标是界面视觉设计中非常重要的视觉元素。图标的视觉感受要精美、细腻、结构合理，甚至具有艺术性，能够提升产品的品位与质感。设计精美的图标可以让界面在众多设计作品中脱颖而出，使 UI 设计更加连贯，更富有整体感，交互性更强，让用户愿意使用，如图 4-41 所示。

图4-40　图标的具象化

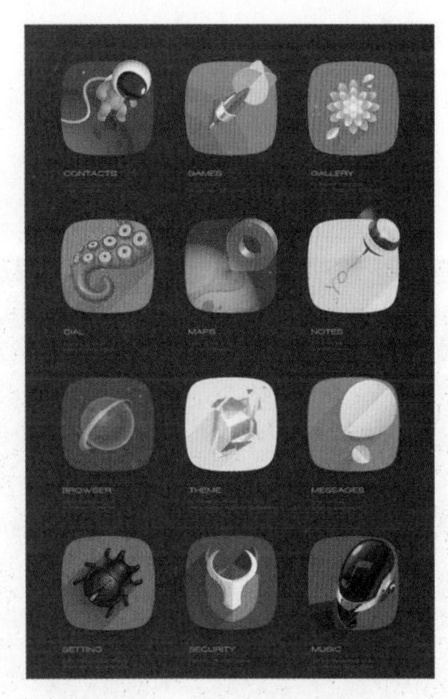

图4-41　具有吸引力的图标

3. 赋予情感共鸣

图标并不只是功能的传达，还可以让产品与用户产生情感共鸣。深入用户研究，找准定位，在图标设计中加入用户的情感视觉元素，比如加入民族文化等特殊视觉元素、特殊群体的某个共同视觉经验元素，使图标设计富有文化底蕴或极富娱乐性特征，激发目标用户的情感共鸣，实现更好的用户体验。例如，在西方圣诞节和中国新年，以魔法森林为主题的图标设计如图 4-42 所示。

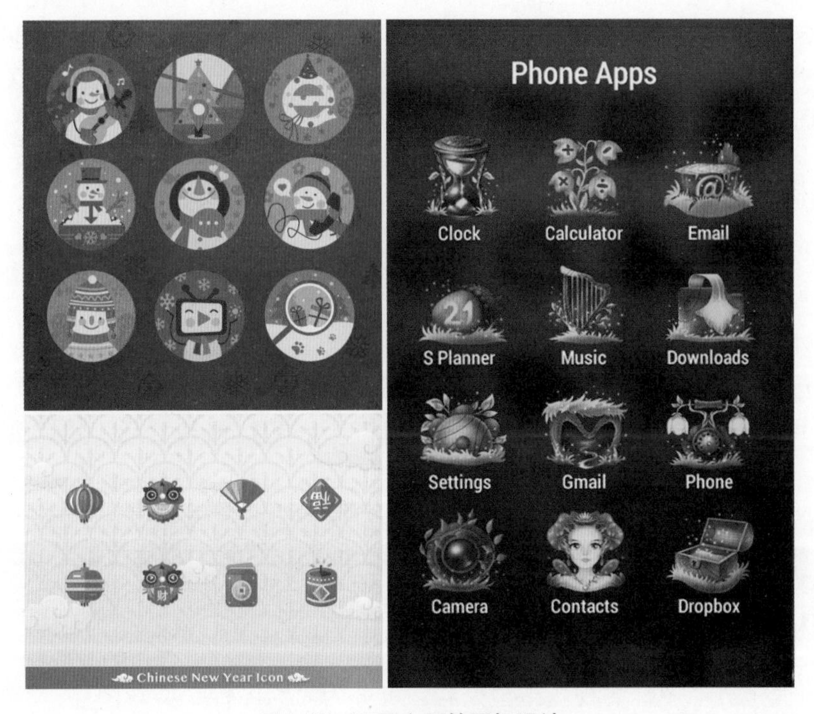

图4-42　不同主题的图标设计

4. 保持整体的统一

风格统一是界面视觉设计的基本原则，统一性强的图标设计会让用户对产品形成一个整体印象，让用户更好地理解产品理念与功能，增强用户对品牌的识别性和忠诚度，如图 4-43 所示。

图4-43　风格统一的界面视觉设计

5. 注意兼容性

跨平台使用一个交互产品是很普遍的，所以兼容性是不得不考虑的问题。设计图标时应该注意兼容不同分辨率、不同尺寸的设备。设计师需把各种尺寸的图标方案都罗列出来，这不仅是为了兼容软件产品的缩放问题，也是为了检验图标的可用性，让用户在不同平台上都能使用，保证产品的使用体验良好。

4.4.3　图标设计的注意事项

- 尽量找到具有参考价值的照片和图片，归纳出造型重点，提炼颜色、纹理细节，并进行适当的艺术化处理。
- 识别性要强，保证用户可以正确识别图标功能。
- 考虑透视角度、入射光源、质感、投影高光、对比等细节。
- 线条轮廓简洁清晰，粗细一致，可处理得实一些、锐利一些，使图标看起来比较精致。
- 系列图标色板的配色区间要统一，这样才会使人产生整体感。
- 有需要时可添加阴影或外发光，使图标在不同颜色背景上都能凸显。

4.4.4　图标的视觉造型风格

从目前市面上界面图标的视觉造型来看，可分为简约图标、剪影图标、写实拟物图标、扁平化图标、3D 图标等视觉风格。

1. 简约图标

简约图标由极简的线条或者像素点构成。它的尺寸精致，信息容量小，更强调清晰的轮廓，常常使用 gif 格式，如图 4-44 所示。

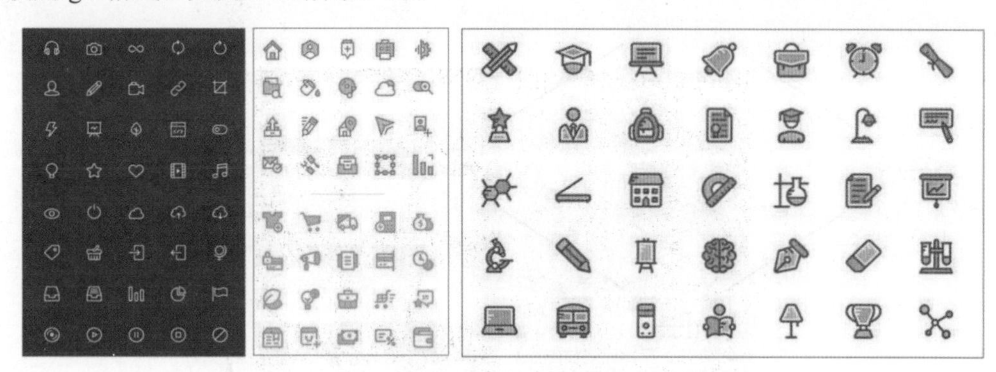

图4-44　简约图标

2. 剪影图标

剪影图标因为简洁易识别的造型，经常被大批量地运用在系统功能菜单中。绘制剪影图标时，需注意细节和整体的协调。可制作阴阳两套图标，满足在不同背景色上的应用，如图 4-45 所示。

3. 写实拟物图标

写实并不是画得像照片一样 (如果追求像照片一样真实，不如拍照快捷)，而是让创造的图标比较逼真，但又超越现实，如图 4-46 所示。

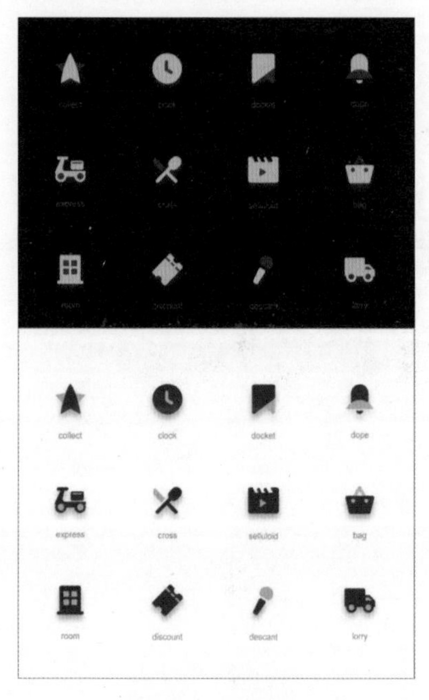

图4-45　剪影图标

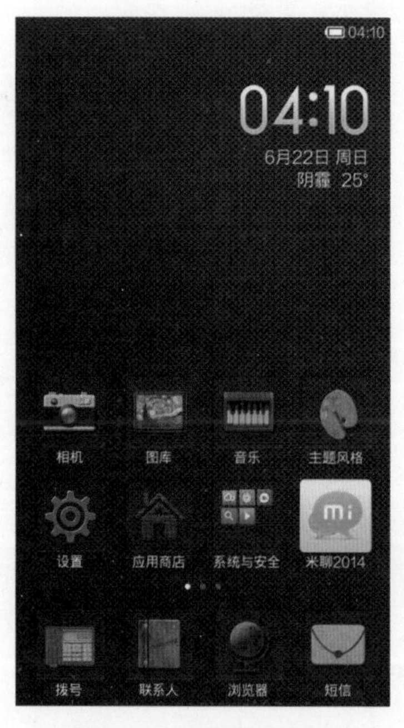

图4-46　写实拟物图标

4. 扁平化图标

扁平化是 iOS 带火的设计风格。也许是大量的写实拟物图标让用户产生了视觉疲劳，这种具有抽象概念的扁平化图标得到人们的青睐。需要注意的是，设计扁平化界面时最容易犯的错误就是图形过于抽象，难以识别，如图 4-47 所示。

图4-47　扁平化图标

5. 3D图标

3D 图标立体感强，多以俯视的视角呈现。用 3D 软件建模渲染后，图标的透视感准确且细节富有质感，如图 4-48 所示。

图 4-48　3D图标

4.4.5　图标制作

1. 制作工具

在制作前，图标草图的绘制是非常有必要的，好的灵感往往就在此时产生。制作图标的常用软件工具有 Photoshop、AI 等绘图软件，也有 Cinema4D、3ds Max、Maya 等三维软件，能满足不同风格的图标设计，如图 4-49 所示。

图4-49 不同风格的图标

2. 制作尺寸

图标不同于普通的图像图片，特别是移动端的图标有自己的设计规范，具体内容将会在后面的章节中讲到，这里讲解的是通用图标的设计尺寸。图标尺寸通常较小，如 16×16 px、32×32 px、48×48 px、96×96 px、128×128 px、256×256 px 等，每个图标都有一套对应的像素图像，随不同的用处、不同的状态进行相应的变化。它们具有不同的大小、颜色和图像格式 (BMP、PSD、JPEG、WMF 等)，所有这些格式对应不同的属性 (点阵图、向量、压缩、分层、动画等)。

绘制系统图标时，一般会先画一个 1024×1024 px 的最大尺寸，然后再根据需要缩小图标。需要注意的是，图标在大于 32×32 px 的时候可以直接缩小且保留更多的细节；但是当一个图标在 32×32 px 以下时，应该去掉已经无法识别的细节元素，使其变得更简洁，并且角度也要从透视变为正视。

4.5 控件元素

控件的概念其实是来自界面交互后台的操作逻辑，含有操控的意思。在界面视觉设计中，视觉设计师关注的是控件的美观，而交互设计师关注的是控件的可用性与易用性。控件的操作应该符合人体工程学，使交互行为更顺畅，让用户有更好的操作体验。后台程序人员更关注控件功能的实现。

4.5.1 控件与图标的区别

图标着重表现图形的视觉效果，而控件则着重表现其功能。控件外观通常采用简单、直观的图形，充分表现控件的可识别性和实用性，常设置点选、长按或滑动的交互行为，如图 4-50 所示。

图4-50 控件设计

4.5.2 控件设计的注意事项

- 一切从用户体验出发。
- 功能显示要明确。
- 操作设置应简捷易懂。
- 要及时反馈操作信息，包括成功通知和错误提示等。
- 满足视觉的统一性原则。

4.5.3 常见的控件元素

界面中的控件非常多，基本上界面中可以操作的部件都可以叫作控件。下面列举了几个常见的控件元素。

1. 按钮

按钮通常只提供唯一的选项，例如“开”和“关”、“是”与“否”等。它模拟实物按钮，在动态效果上给予用户相应的提示，并伴随适当的音效，让用户清楚地知道他的操作已得到响应，如图 4-51 所示。

图4-51　按钮设计

另外一种按钮是滑块控件，一般出现在有范围的选项或者开关中，通常调整声音大小、画质高低等会使用滑块按钮，如图 4-52 所示。

图4-52　滑块按钮设计

2. 菜单、工具栏与导航

菜单、工具栏和导航是几乎所有界面都需要设计的元素，它们为应用程序提供了快速执行特定功能和程序逻辑的用户接口。需要注意的是，选项栏中不可操作的选项一般要屏蔽变灰，并且对当前使用的选项命令进行标记；在未显示完全的选项后用省略号提示用户；对相关的命令用分隔条进行分组；必要时使用动态和弹出式菜单，如图 4-53 所示。

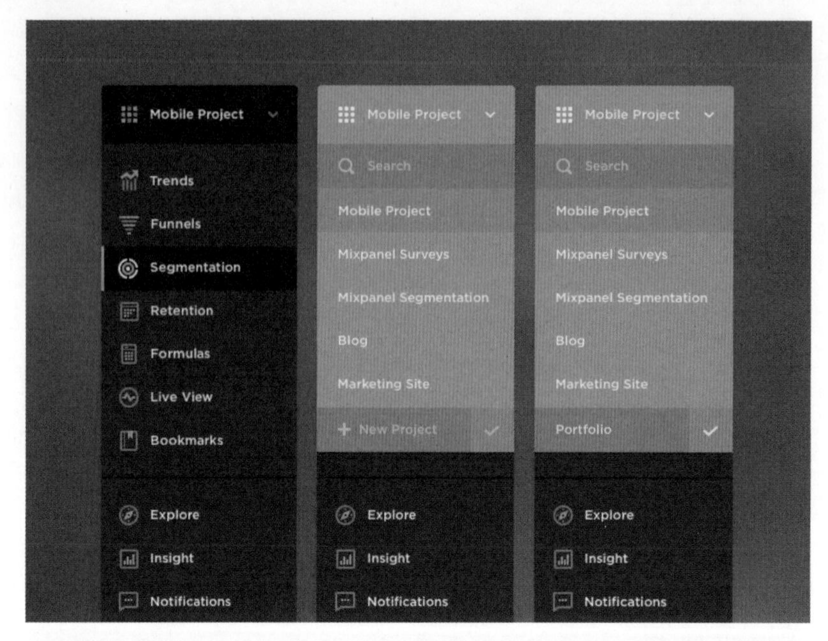

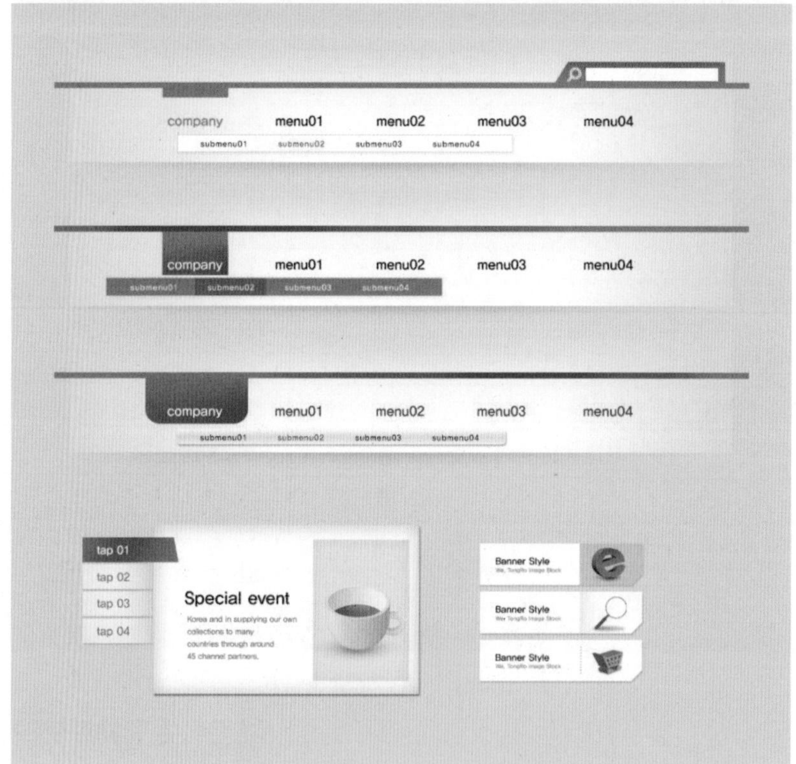

图4-53　菜单、工具栏和导航设计

3. 表单

表单是 UI 设计中经常用到的控件之一，无论是注册流程还是登录流程，运用的范围都十分广泛。

很多时候表单需要填写的内容较多，填写错误重新输入会使用户失去耐心。此时一定要及时反馈信息给用户，在用户填写过程中明确指出错误和正确的地方，这才是最合理且最人性化的设计。表单不宜过长或者折叠起来，特别是下拉表单最容易给用户带来不好的操作体验，应该避免。好的体验会让用户心情愉悦，增强对品牌的信任感和忠诚度，如图 4-54 所示。

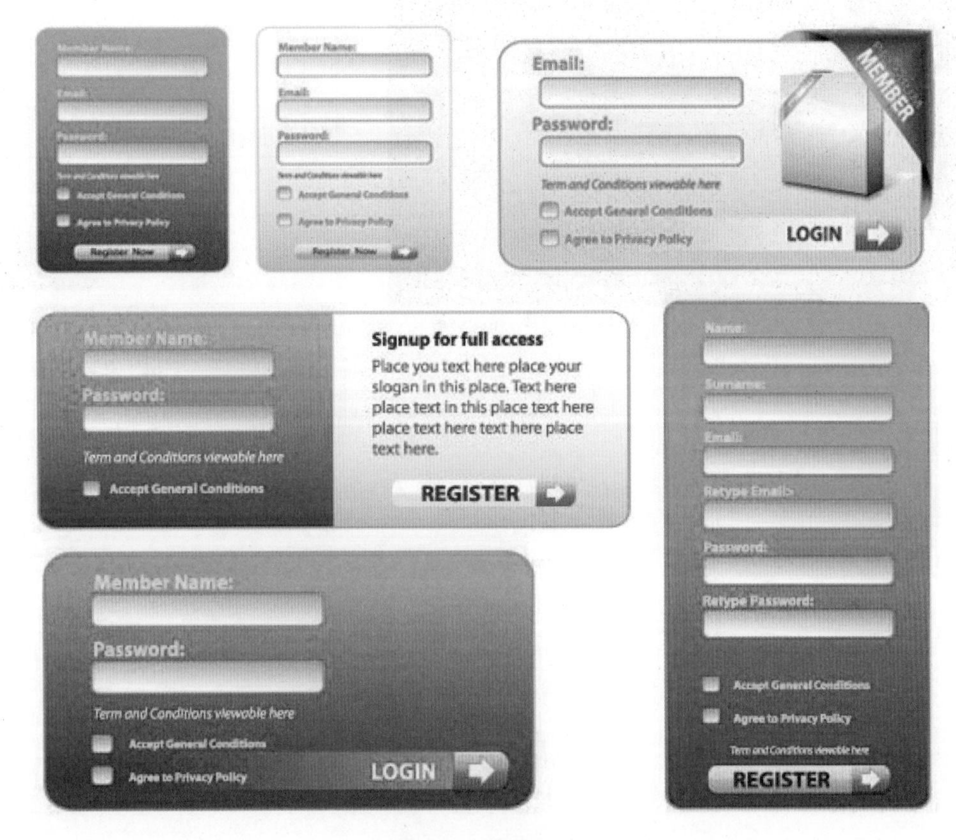

图4-54　表单设计

4.6 视觉元素的交互状态

电脑端的鼠标操控有五种状态:“正常状态”“鼠标经过状态”“按下状态”“选中状态”和“禁用状态”。由于交互行为和触击区域大小的不同，移动端的手指操控一般只有“正常状态”“选中状态”和“禁用状态”。

对视觉元素的交互状态的展示，是对用户操作的即时反馈和提醒，便于用户感知目前处于什么样的情况。不过，也并非所有状态都要设计视觉效果，视情况而定，经常使用的有“正常状态”“选中状态”，如有需要还会设计“禁用状态”。而操控鼠标时，“鼠标经过状态”也是常常使用的，以提醒用户这里是可以点击的，如图 4-55 所示。

文字的状态提醒一般会用颜色来区分，如当前选中为高亮 (一般用异色加下划线来区别) 显示，已读文本为灰色，未读文本为黑色，如图 4-56 所示。

图4-55　交互状态的设计

图4-56　文字状态提醒

软件 UI 设计

软件 UI 设计是较早的 UI 设计，所以软件 UI 设计的原则和规则也广泛影响了在市场需求下出现的各种 UI 设计。

软件除了功能与技术以外，其界面对于用户的友好程度是非常重要的，合理的软件界面能给用户带来使用过程中的愉悦感并能留住用户，而失败的 UI 设计会给用户带来挫败感，尽管有强大的技术或功能也会让用户对其产生畏惧感，从而放弃使用。

5.1 软件UI设计尺寸

软件 UI 的常用尺寸是根据显示器的设备确定的，如表 5-1 所示是显示器分辨率的市场占有量，可作为设计尺寸参考。

表5-1 显示器分辨率的市场占有量

分辨率	占有率/%	分辨率	占有率/%
1366 ×768 px	15	1440 ×900 px	13
1920 ×1080 px	11	1600 ×900 px	5
1280 ×800 px	4	1280 ×1024 px	3
1680 ×1050 px	2.8	320 ×480 px	2.4
480 ×800 px	2	1280 ×768 px	1

5.2 软件的欢迎界面

欢迎界面是指用户在访问软件时，看到的第一个页面，是用户对软件的第一印象。

欢迎界面的尺寸和形状没有具体规则，可根据软件属性选择其风格。如果是创意性强的软件，比如 Photoshop、After Effects 等设计类软件，其欢迎页面要注重视觉张力和创意表现，而像 Office 这样的办公软件，其欢迎页面更注重专业性和严谨性，还有一些软件的欢迎页面则是展示软件的主要功能等信息。欢迎界面是软件 UI 设计中最灵活多样的一个板块，如图 5-1~ 图 5-3 所示。

图5-1　Photoshop欢迎界面

图5-2　After Effects欢迎界面

图5-3　WPS Office欢迎界面

5.3 软件的主界面

主界面是软件用于处理有固定流程(逻辑)的业务的地方。以 Windows 客户端软件的主界面为例，其最主要部分有 Top Frame 区、菜单栏 / 工具栏、工作区、状态信息区，如图 5-4~图 5-7 所示，以及一些可选部分，如功能模块、浮动面板等。大多数软件是以此为框架设计主界面，不同功能的软件可以进行变化。部分软件由于功能太多，还会增设浮动面板来扩展区域，这些面板可以在“窗口”菜单中调出和关闭，由用户自己调整。

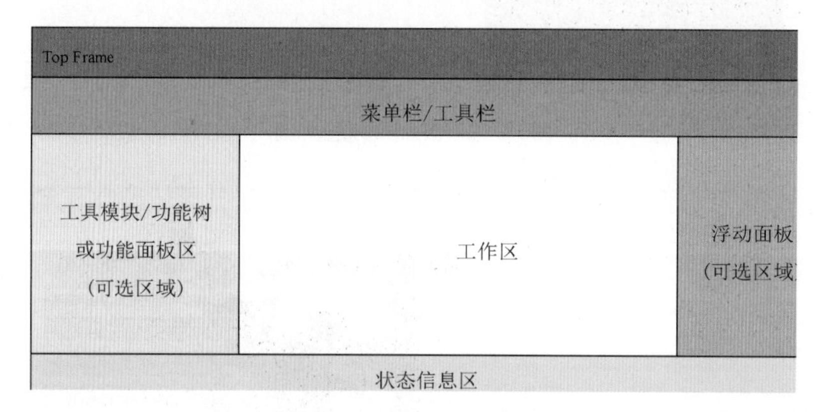

图5-4　软件的主界面1

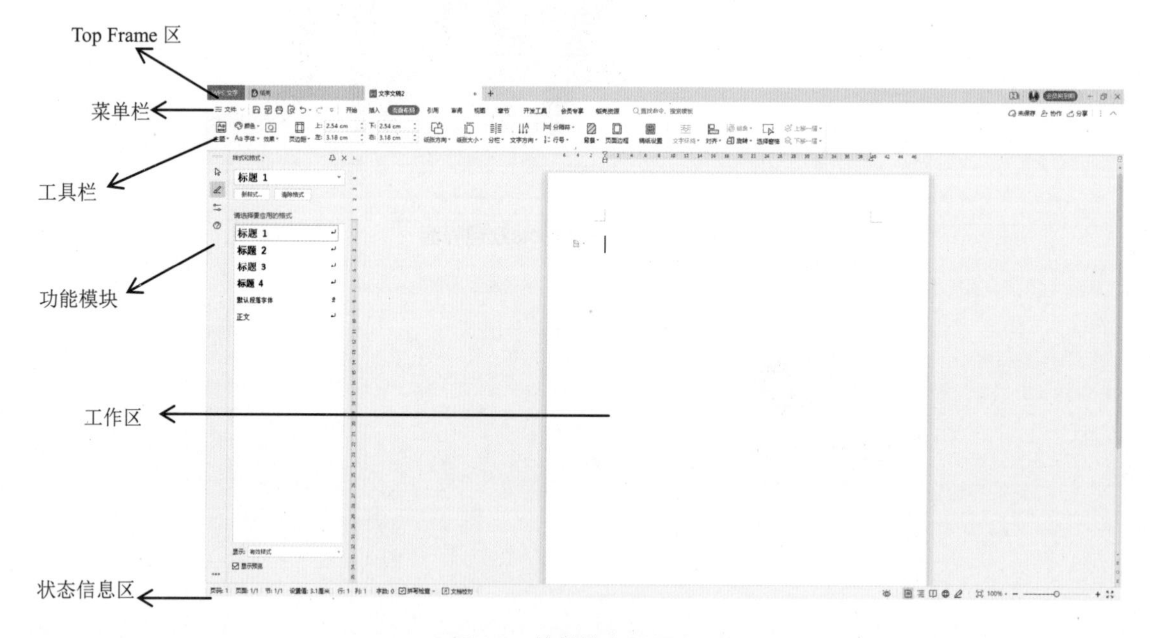

图5-5　软件的主界面2

图5-6　软件的主界面3

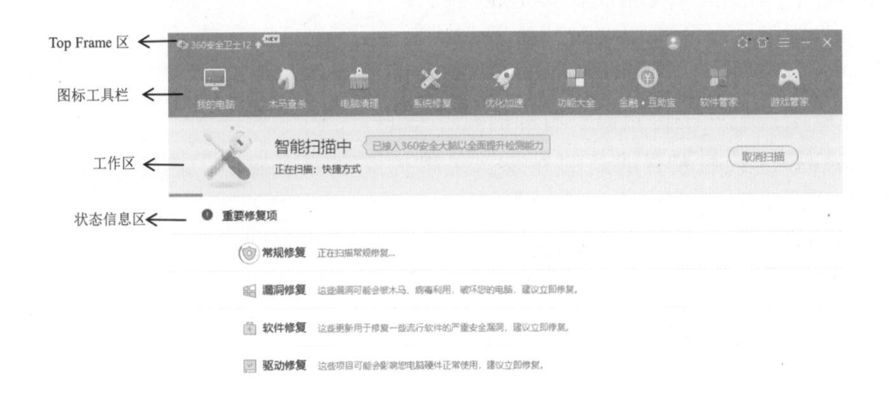

图5-7　软件的主界面4

5.3.1　Top Frame区

Top Frame 区一般显示固定不变的信息 (如软件名称、公司 logo)，以及放置最常用的软件操作 (如帮助、退出等)，如图 5-8 所示。

图5-8　Top Frame区

5.3.2　菜单栏和工具栏

菜单栏是将系统可以执行的命令以阶层的方式显示出来的一个界面，一般置于画面的最上方或者最下方，应用程序能使用的所有命令几乎全部都能放入。菜单的重要程度一般是按从左到右的顺序排列，越往右重要程度越低。命令的层次根据应用程序的不同而不同，一般程序重视文件的操作、编辑功能，因此这些菜单放在最左边，然后往右有各种设置功能，最右边往往设有帮助，如图 5-9 所示。一般使用鼠标的左键进行操作。

工具栏区域一般与菜单栏紧密连接，这里展示菜单中极其常用的功能和工具，也有一些软件因菜单内容较少只用工具栏展示，如图 5-10 所示。

图5-9　菜单栏

图5-10　工具栏

设计建议：

- 一条工具栏的长度最长不能超出屏幕宽度。
- 工具栏的图标能直观地代表要完成的操作。
- 系统常用的工具栏设置在默认位置。
- 工具栏太多时可以考虑使用工具箱。
- 工具栏中的每一个按钮最好有即时提示信息。
- 菜单栏和工具栏要有清楚的界线；菜单栏要求突出显示，这样在移走工具栏时仍有立体感。
- 菜单中的文字通常使用5号字。
- 工具栏一般比菜单栏要宽，但不要差别太大，否则看起来会不协调。

为了让软件使用更方便，菜单中的功能和命令不能只在菜单栏中才能找到，要在用户操作的不同区域都能快速便捷地调用。

另一种展示功能命令的菜单方式叫作即时菜单(又称功能表、上下文菜单)。与应用程序准备好的层次菜单不同，在菜单栏以外的地方，通过鼠标右键调出的菜单为“即时菜单”。根据调出位置的不同，菜单内容即时变化，列出指定的对象可以进行的操作。

5.3.3　功能模块区

功能模块区用于显示软件的功能模块结构。功能面板的优点是采用了大图标，一般为32×32 px或更大，看起来比较美观，但是其缺点是每个面板显示的大图标数量比较少。功能图标多以工具箱的形式呈现，如图5-11所示。

图5-11　功能模块区

如果内容很多，可以将功能模块进一步细分为多个视图，每个视图有对应的功能树。功能树的图标通常是16×16 px，如图5-12所示。

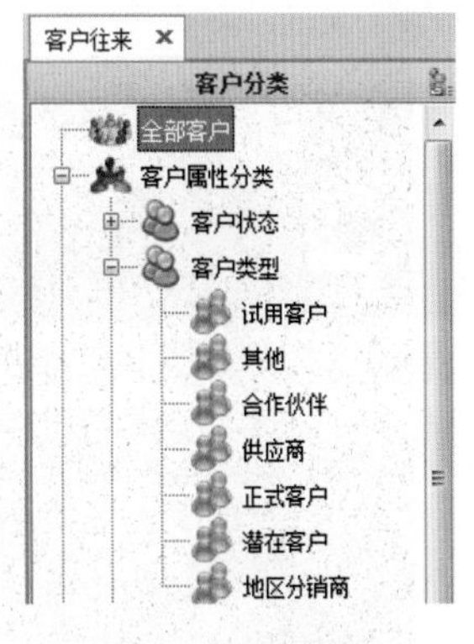

图5-12 功能树

5.3.4 工作区

工作区用于显示功能模块的数据以及相关的操作。工作区内进行内容显示和相关操作显示，鼠标单击功能树（或者功能面板）的某项功能后，该页面用于显示数据以及相关的操作。此区域多设置有滚动条以扩展内容显示和操作区域，展示更多的内容。滚动条的长度能根据显示信息的长度或宽度及时调整，以利于用户了解显示信息的位置和百分比。

5.3.5 状态信息区

状态信息区将显示用户的操作记录，反馈操作信息。状态条要能显示用户切实需要的信息，常用的状态条有目前的操作、系统状态、用户位置、用户信息、提示信息、错误信息等。如果某一操作需要的时间较长，还应该显示进度条和进程提示。

状态条的高度以放置5号字为宜，状态条的宽度比滚动条略宽，如图5-13所示。

图5-13 状态信息区

除了主界面各大区域以外，软件界面还包括许多的控件和其他元素，它们遵循统一的设计原则和一些基本规则，具体内容将在后面分别讲解。

5.4 软件界面的设计原则

软件界面的设计原则包括适合性、易理解、及时反馈信息、防错处理、风格和个性化、合理的布局和色彩，以保证操作效率和能被多用。

5.4.1 界面与功能的适合性

软件功能需要用户界面来呈现，最基本的要求就是用户界面必须有适合承载软件功能的布局，否则“易用性”无从谈起。用户界面适合软件功能，这看起来是理所应当的事情，却是最容易出现问题的地方，因为有的设计师经常为了界面的美观或追求某种风格而设计一些华而不实的东西。形式与功能的完美统一永远是设计师绕不开的难题。

After Effects是一款视频类后期合成软件，其时间轴和工作区域占据了大部分面积，这就符合视频编辑软件的功能需求，如图5-14所示。

图5-14　After Effects软件界面

微信电脑端的UI非常简捷，并且将输入框和聊天对话框设计得清晰明了且易操作，符合即时聊天工具的需求，如图5-15所示。

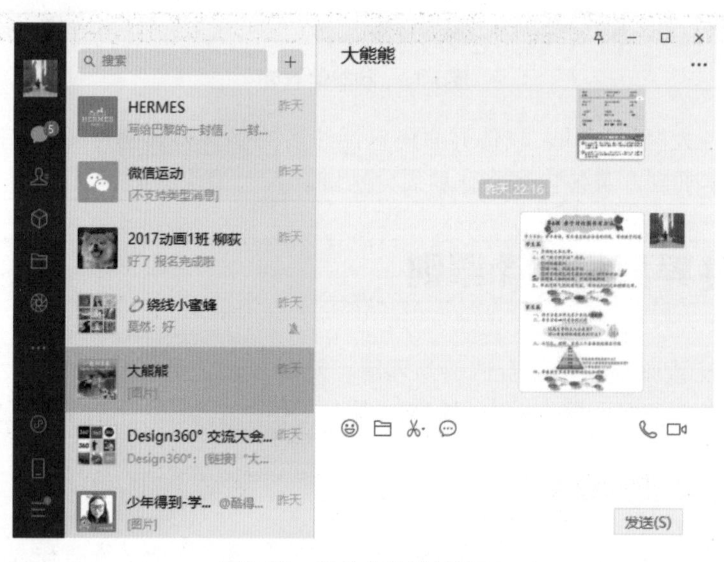

图5-15　微信电脑端的界面

5.4.2　界面意图容易理解

界面意图让人费解，必定给用户使用带来难度，“容易理解”是“容易使用”的前提。以下是提高可理解性的一些措施。

- 界面中的所有元素不要出现错别字，也不要使用生僻字，措辞正确、准确。
- 图标按钮含义直观明了，以防用户误解。

- 所有界面元素应提供充分且必要的提示。

QQ聊天电脑端界面中的图标元素为不熟悉的用户设置了提示标签，鼠标指针暂停在图标上大概1秒，就会弹出该图标的提示内容，如图5-16所示。

图5-16　QQ的提示标签

5.4.3　及时反馈信息

反馈信息很重要，要让用户心里有数，知道该任务处理的进度，得到什么样的结果。当用户进行某项操作后，界面一点反应都没有，这会让使用者感到迷惑而不安，因为他们不知道自己的操作是错了还是软件出现了卡顿现象。

360软件管家的软件升级页面用多种方式进行任务进度提示，能多方面缓解用户等待中产生的焦虑情绪，如图5-17所示。

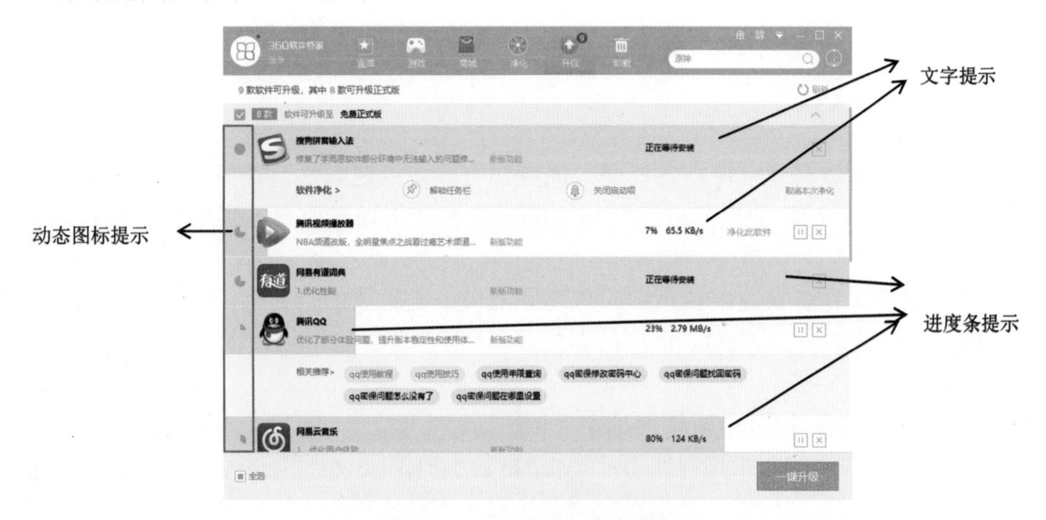

图5-17　软件的任务进度提示

5.4.4　防错处理

用户在使用软件过程中不可避免地会出现一些错误操作，这时候要及时给出指令，如图5-18所示。常见的防错处理措施如下。

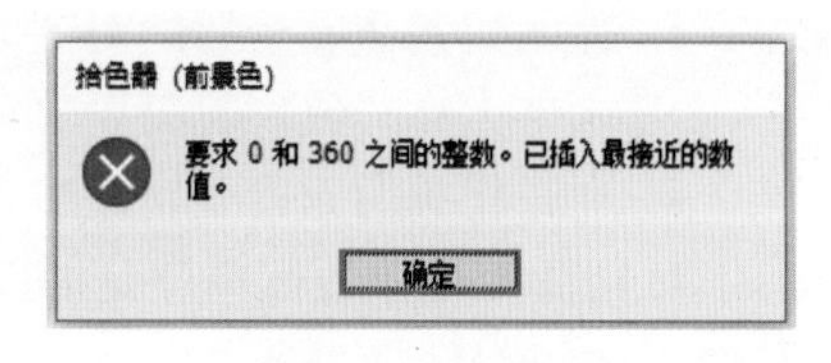

图5-18　防错处理

- 提供对输入数据进行校验的功能。软件应当能识别错误，并提示用户改正。
- 在当前不应该使用的菜单项和命令按钮，应当将其变为灰色或隐藏。
- 执行破坏性的操作之前应当获得用户的确认。
- 提供撤销功能(Undo)，设置撤销操作界面或按钮。

5.4.5 风格一致和必要的个性化

风格一致能够减少用户的记忆量，减少出错率，并且迅速积累操作经验。

风格一致包含以下两个维度。

(1) 在软件的用户界面中，同类的界面元素应当有相同的视觉特征和相同的操作方式。例如，界面中的同类按钮都应该有相似的形状，配色以及对鼠标的响应方式都应是一致的。

(2) 同一领域的软件，用户界面应当有一定程度的相似性。比如，Adobe 公司旗下的各种设计软件有相似的界面和一致的快捷键等，Office 家族的办公软件都具有一致性。

通用软件产品的用户界面很注重一致性，设计者必须密切注意在相同应用领域中最流行的软件界面，必须尊重用户使用这些软件的习惯。

用户界面的个性化与一致性之间存在着微妙的矛盾关系。对于非常注重安全性的商业软件 (如银行软件)，用户界面的一致性要求比个性化要求重要得多，因为一致性用户界面可以减少用户出错的概率。而对于非严格系统的应用软件而言，个性化的界面更具有吸引力，尤其是娱乐领域的软件，用户更加喜欢有创意的甚至是颠覆传统的用户界面。设计人员应当根据软件的定位以及广大用户的需求，在确保用户界面必备的一致性的前提下，突出软件的个性，不仅让用户使用起来方便，而且能让人对软件留下深刻的印象。

5.4.6 合理的布局

从软件界面的总体布局来说，各界面之间应当有一定的逻辑性，最好能够与工作流程吻合。这需要 UI 设计者对软件用户进行全方位的画像和使用场景研究，提取出有价值的信息来合理布局界面。

从界面中的设计元素来说，各元素应该整齐清爽。各板块的行、列间距保持一致，水平与垂直方向对齐。图 5-19 所示为对话框的布局。

- 所有项目控件对齐。
- 控件组间隔推荐使用7个对话框基本单位。
- 控件以及控件间的间距推荐使用4个对话框基本单位。
- 按钮以及编辑框内控件高度推荐使用21个对话框基本单位。
- 窗体的尺寸要合适，界面元素不应放得太满，边界处需要留有一定的空间；也不可过于宽松，显得凌乱。
- 界面元素需要一致的对齐方式，以避免参差不齐的视觉效果；同类的界面元素应尽量保持大小一致，起码要保证高度或宽度一致，例如命令按钮。
- 逻辑相关的元素要就近放置，便于用户操作。

对话框的尺寸数值单位是 DLU(dialog logical units)，它是与分辨率无关的坐标单位。它和像素之间的转换关系与当前对话框的字体有关，要转换成像素，可以借助于 Map Dialog

Rect 来转换，Map Dialog Rect 函数可把指定的对话框单位映射成屏幕单位(像素)。界面设计师可根据像素单位设计，沟通好后的转换工作交由后台程序员来完成。

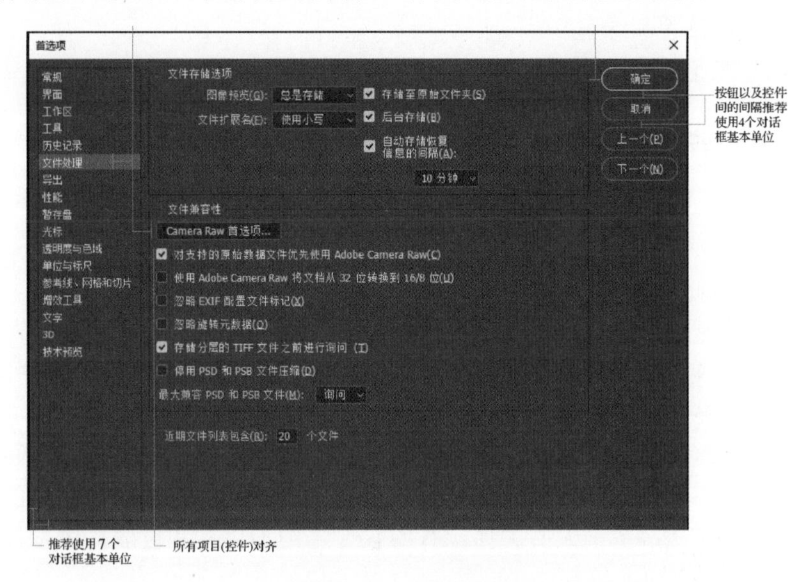

图5-19 对话框的布局

5.4.7 合理的色彩

以前的 DOS 系统只有黑、白两种颜色，而现在的显示屏色彩还原度非常高。色彩不仅能够美化界面，同时也能帮助设计者布局界面，是界面中重要的设计元素之一，如图 5-20 所示。关于色彩的知识在前文已经讲过，此处不再赘述。

图5-20 界面的色彩

下面简单总结一下界面色彩的设计原则。

- 如果不是为了显示真实感的图形和图像，就应该限制一帧屏幕的色彩数目，因为人们在观察屏幕的时候，很难同时记住多种色彩。

- 应当根据对象的重要性来选择颜色，重要的对象应用醒目的色彩表示。
- 使用颜色的时候应当保持一致，例如错误提示信息用红色表示，正常信息用绿色表示，切勿乱用红色和绿色。
- 在表达信息时不要过分依赖颜色，因为有些用户可能是色盲或色弱。

5.4.8 适应用户群体和国际化

1. 适应用户群体

首先，并不是所有用户都是软件小白或专家，用户的习惯和水平参差不齐。努力使用户在操作软件的时候感觉不到差异和麻烦，可以通过多种途径来达到这个目标。对于一个软件初学者来说，他可以使用鼠标和菜单一步一步地进行操作；而对于熟练的软件操作者而言，他们也许更喜欢使用快捷键来获得更高的效率。

其次，设计师要具有用户思维能力，对设计注入人文关怀。比如，为老年人设计的界面，考虑到老年人的视力不太好，字体和图标都会使用较大尺寸的；为了保护儿童的身心，有的软件提供了儿童界面模式；基于人文关怀，有的软件专门为色盲和色弱群体设计了不基于特定色彩识别的信息界面入口；等等。

对色盲、色弱群体的关怀设计建议。

- 可以使用Coblis色盲模拟器来体验色盲用户的感受。
- 除了用颜色来区分信息，还可以加入纹理、文字或动效，等等。
- 考虑照顾红绿色盲、蓝黄色盲人群，避免出现此类颜色组合。

2. 国际化

国际化是大趋势。为了更好地适应国内外市场，在设计软件界面的时候，应当充分考虑语言和文化差异，尽可能地使用标准的图解方式和国际通行的语言。界面简单易懂，易于翻译，方便不同母语的用户操作。

要特别留意下列元素的国际化问题。

- 字体、提示信息、在线帮助。
- 货币、度量单位。
- 日期格式(如MM/DD/YY，Year-MM-DD)。
- 人的名字，电话号码，通信地址。
- 图标、标签。
- 阅读顺序或习惯。

5.4.9 最高效率

用户界面最好能用最少的操作步骤来完成某项操作任务，以获得最高的使用效率。为了提高效率，将最常用的功能以图标按钮的形式放在一级界面上，这样只需要一个步骤就可以操作这项任务。这些常用功能按钮一般布局到一个统一区域(ToolBar 工具栏)。一般来说菜单和工具条应该同时提供，当鼠标失效的时候，可以用键盘来操作菜单。不要想着要把所有的功能都简化步骤，应把不常用的功能“隐藏”在下拉菜单中，减少工具栏上的图标数量，将功能全部放在工具栏反而会降低工作效率。

5.4.10 可复用

在开发应用软件时，其大部分内容是成熟的，只有小部分内容是创新性的。被时间检验过的东西大多是比较可靠的、高质量的。所以，把大部分时间用在小比例的创新工作上，这样才能提高生产效率。

在设计软件界面时，应当考虑其构件(包括原型和代码)能被下一个软件复用。界面构件能被复用的基本要求是，它应当从特定的应用软件中剥离出来，最好能够建立界面构件库。界面构件库主要包括界面构件的代码、应用示例和相关的文档。

5.5 软件界面各元素设计的基本规则

Windows 系统经过多年的发展已经相当成熟，常用的界面元素已成为软件设计标配。UI 设计和开发人员没必要重新创作这些界面元素，只要学会使用规则就行。

5.5.1 字体设计的基本规则

- 使用规范的字体：最好由操作系统提供，不要选择难以辨认的字体。
- 英文推荐使用Ms sans serif、Arial、Tahoma字体。
- 中文界面的文字一般选用宋体小五。
- 使用粗体表示标题或引起重视，使用斜体表示强调或提示，但不宜多用。
- 避免字体混用：文字是用户界面中最基本的元素，也是最直观的表现方式。软件中的字体必须保持风格一致，不宜混合使用过多的字体。
- 同类用途的字体应当相同，颜色可灵活选择，但不能五花八门，如图5-21所示。

图5-21 软件界面的字体

5.5.2 菜单界面设计的基本规则

- 菜单项的数目一般小于15个，菜单层次少于3层。
- 菜单标题应当简洁明确，避免使用不常用的复杂词句。
- 对于功能相关的菜单项，应当使用分割线分组显示。
- 对于经常使用的菜单项，要提供快捷键。
- 菜单图标一般放在菜单项左边；如果工具栏有相同功能的图标按钮，那么对应菜单也要有图标。
- 菜单文字的末尾加“…”，表示执行该菜单将弹出对话框。
- 菜单右侧加箭头，表示还有下一级菜单。

- 对于某一时刻不可访问的菜单，应当使其处于灰色禁用状态(disable)，避免出现错误操作。

菜单界面如图 5-22 所示。

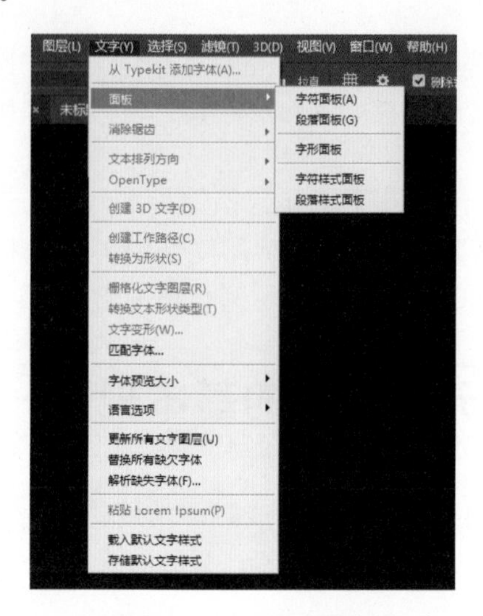

图5-22　软件的菜单界面

5.5.3　命令按钮设计的基本规则

- 按钮上的文字应该选用动词并置于按钮中间。
- 窗口一般有默认按钮，用于执行常用的操作。
- 同一个界面中的命令按钮的高度和宽度应当一致。
- 如果执行命令按钮将弹出对话框，那么在按钮文字后添加“…”。
- 在有多页选项板的对话框中，如果按钮对所有选项板有效，则放在选项板之外；如果只对某一页选项板有效，则放在该选项板内。
- 不要为按钮指定双击的行为。

5.5.4　工具条和图标按钮设计的基本规则

- 工具条集中了最常用的图片按钮，用纵向分割线对图标按钮进行分组。
- 如果图标的含义很直观，可以不加文字；反之，最好给图标加文字。
- 工具条的每一个图标按钮都应当有鼠标提示信息(tooltip)。
- 对于某一时刻不可操作的图标按钮，应当隐藏或者使之处于灰色禁用状态(disable)。

界面元素中，图标是表现力最强的一种。某些情况下，设计合理的图标可以代替冗长的说明，并且可以精简和美化用户界面，对用户产生一种亲和力。但在制作图标时，要尽量使图标和具体操作的含义相吻合，避免用户误解图标的含义。

5.5.5　提示信息设计的基本规则

- 当鼠标指针停留在控件上一段时间之后，应当出现相关的提示信息，用户继续操作则提示信息消失。

- 提示出现的时间遵从操作系统的规定，若无约定，则推荐使用750 ms。

提示信息如图 5-23 所示。

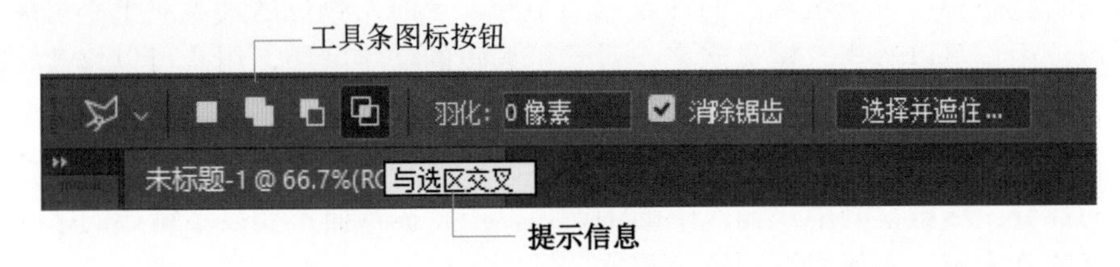

图5-23　提示信息

5.5.6　单选按钮设计的基本规则

- 选项标记为圆形按钮，选项之间是互斥的，只能选其中一个。
- 选项不要多于6个，若需要更多选项，则使用Combo Box控件。
- 必须有一个默认选中。
- 如果需要图形，图形应当放在文字前方。

单选按钮如图 5-24 所示。

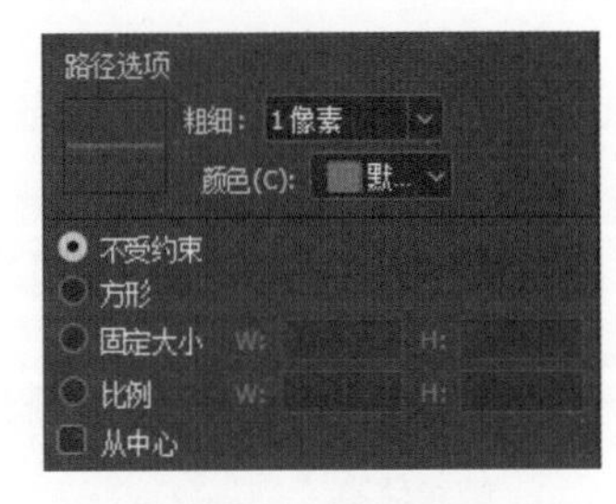

图5-24　单选按钮

5.5.7　复选按钮设计的基本规则

- 选项标记为可以打钩的方框，选项之间没有互斥关系，可以选择一个或者多个。
- 选项不要多于6个，若需要更多选项，则使用Combo Box控件。

复选框如图 5-25 所示。

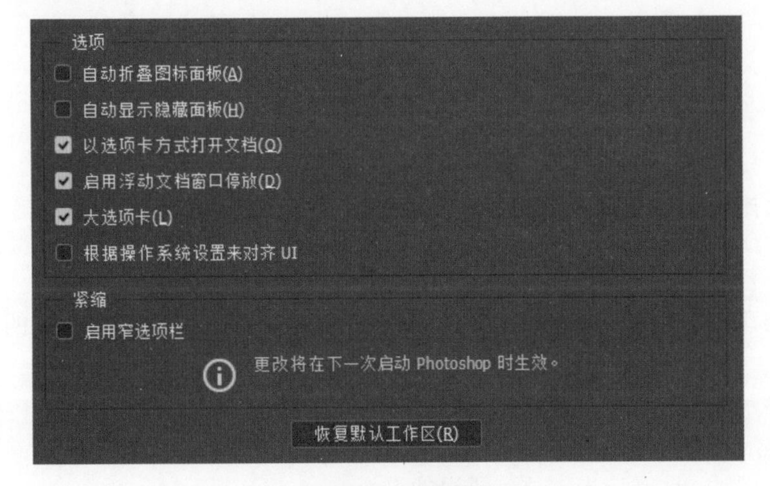

图5-25　复选框

5.5.8 输入框和文本域设计的基本规则

文字左对齐，数字右对齐，需要的时候，在数字中需要添加分隔符号，如千位分隔符。

- 可编辑状态和不可编辑状态的外表应当不同，一般用颜色区别。对于不可编辑的文字区域，用户可以选择、拷贝文字；对于可编辑的文字区域，用户可以修改、剪切、拷贝、粘贴文字。
- 输入限长字符串时，如果输入超过限制长度，应当使用声音提示，而不要继续显示超出的部分；尽量检测用户输入中的错误，以声音提示而不要显示错误的字符。
- 单行的文本域，不使用滚动条。

5.5.9 组合下拉框和列表框设计的基本规则

- 控件高度应当能够显示3～8个条目。控件宽度应足以完整显示条目，并适当留有空格。
- 如果不能显示完整条目，也应当保证列表框有一定的宽度能显示足够的字符，以区分不同的条目。
- 应当对条目进行排序以便于浏览，名称可以用字母排序方式，日期可以按年代排序方式。

组合下拉框如图 5-26 所示。

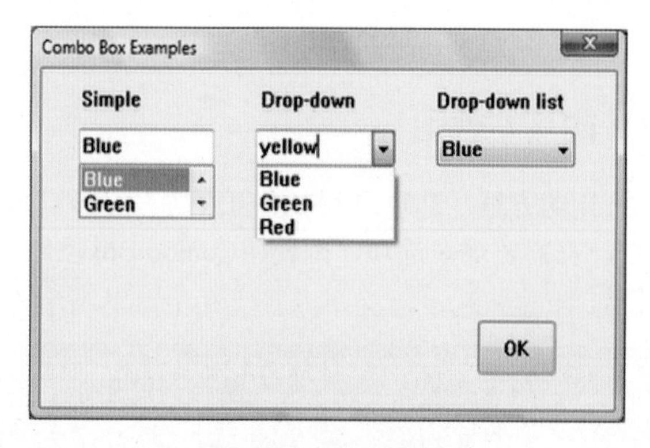

图5-26　组合下拉框

5.5.10 多页选项板设计的基本规则

- 使用单行多页选项板。
- 避免出现多行页标签，否则页面标签被选中时，标签位置将出现大的跳动，用户不适应。
- 多行显示方式虽然不可取，但要好过使用滚动条。
- 页标签应当支持提示信息。
- 出现错误时，焦点应当定位到错误的页面。
- 应当明确单击OK按钮时，才执行更新操作；在页标签之间切换时，不更新数据。

多页选项板如图 5-27 所示。

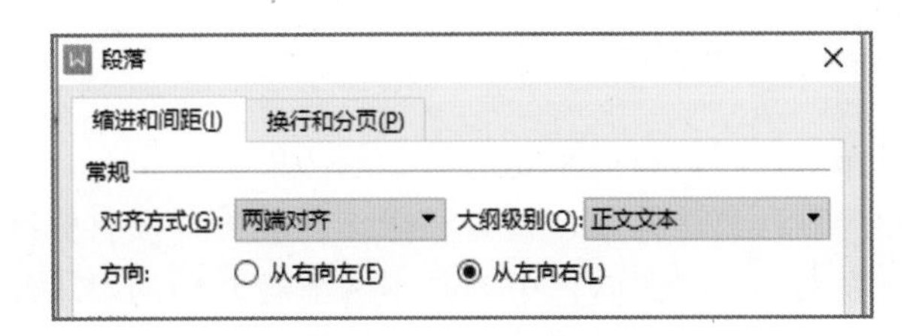

图5-27　多页选项板

5.5.11　数据表格设计的基本规则

- 数据表格用来显示多行记录的数据集合，表格的行用来显示记录的名称，表格的列用来显示属性。
- 单击列标题可以实现排序，并显示当前排序方式的文字或图像提示。
- 尽量缩短行或列的文字标识，列文字的前几个字母应当不同，这样在无法完全显示时仍然能够区分。
- 单元格的数据对齐方式和文本域的规则一致，文本左对齐，数字右对齐。
- 表格的高度以及大小变化时，应尽可能显示完整的函数，不要出现半行数据，改变某一列的宽度时，不要影响其他列的宽度。
- 单元格应当尽量完整显示数据，如果无法完整显示，则应当显示开始部分并附加省略号“…”。
- 表格需设置默认属性，如列的顺序以及宽度等，以便用户在操作之后可以恢复原状。如果需要，应允许用户隐藏表格的列。

5.5.12　日期控件设计的基本规则

- 如果要用输入框输入日期，则用Tooltip显示日期的格式，如YYYY-MM-DD(2022-02-11)。
- 使用JavaScript日期控件时，允许用户直接用鼠标选择日期，不必用键盘输入日期，如图5-28所示。
- 当用户提交数据时，软件要判断日期格式是否正确，如果格式错误，则给出相应提示。

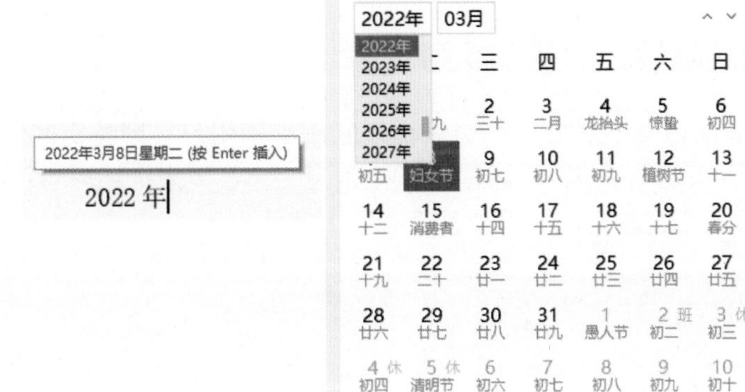

图5-28　JavaScript日期控件

5.5.13 软件对话窗口设计的基本规则

软件界面一般采用弹出式对话窗口来完成第二层级的复杂交互。弹出窗口的主要优点是在操作时能看到背后的内容，允许拖动、查看和操作。业界并没有标准的对话窗口样式，也不存在最好的样式。一般来说，一个软件中不要出现五花八门的对话窗口，应当事先设计对话窗口的样式，并让所有的对话窗口套用该样式。这样做的好处是对话页面不仅具有很好的一致性，而且软件开发效率更高。

1. 必填项的标记

在对话窗口中有一些输入项是必填项(不能空白)，而有一些输入项不是必填项(可以空白)。一般用红色的“*”来标记必填项，这样用户就可以一目了然地区别必填项和非必填项。“*”放在左侧或者右侧均可，但需风格统一，如图5-29所示。

2. 出错处理

单击对话窗口的提交按钮后，首先要对数据进行合理性检验，这个操作可能在客户端完成，也可能在服务器端完成。如果对话窗口的数据是不合法的，那么要进行出错处理，并告诉用户发生了什么错误。

显示错误信息的常见方式有三种。第一种是直接将错误信息(用红色表示)插入对话窗口中。第二种是把错误信息插入发生错误的输入框后面，帮助用户更加迅速地识别错误。第三种是弹出提示窗口。三种方式都可以搭配音效提示，如图5-30所示。

图5-29 必填项的标记　　图5-30 出错处理

5.5.14 软件消息框设计的基本规则

消息框(message box)是一种特殊的对话框，它用于向用户反馈特定的信息。消息框一般有三个组成部分：图形标志，用来表示消息类型；消息文本，用来描述内容；对应的命令按钮，用来确定操作。在设计消息框时特别需要注意以下几点。

- 措辞亲切。
- 不要出现错别字。
- 语法无错误。
- 图形标志、消息文本和命令按钮在语义上一定要一致。

常见的消息框有4类：确认消息框、告警消息框、通知消息框、过程消息框。

1. 确认消息框

当用户执行一项重要操作时，例如删除数据，为了避免操作错误，应当弹出一个确认消息框，请用户确认是否继续执行该操作。如果用户单击“是”按钮，那么继续执行；如果用户单击“否”按钮，则停止执行，如图 5-31 所示。

确认消息框的信息文本很重要，基本规则如下。

- 消息文本本身不能有错字或者语法错误。
- 消息文本只能用一般疑问句，不能用复杂的、语义不明的句式。
- 消息文本给出充分的信息，让用户知道他将干什么，以及有什么后果。
- 消息文本应当和命令按钮在语义上保持一致。

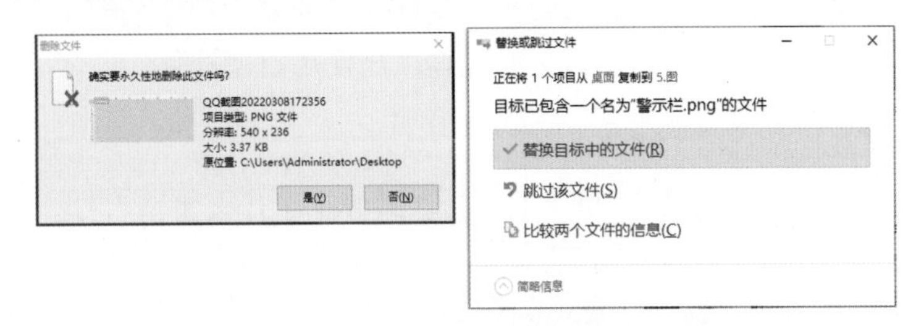

图5-31 确认消息框

表述不好的确认框示例如下。

- “你想删除文件吗？”
- “你不想删除文件吗？”
- “你是否真的想删除文件吗？”

表述良好的确认消息框示例如下。

- “删除该记录后将不可恢复确认删除吗？”
- “删除文件后将不可恢复确认删除***.jpg吗？”

2. 告警消息框

告警消息框的用途是及时告诉用户“操作失败”“运行错误”等消息，如图 5-32 所示。

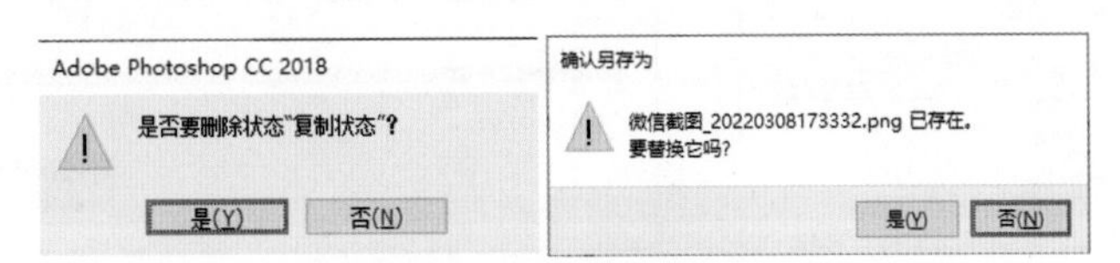

图5-32 告警消息框

使用告警消息时一定要注意措辞，基本规则如下。

- 告警消息应当详细并且清晰明了，让用户明白发生了什么事情。
- 告警消息最好采用被动语态，避免指责用户，不要出现诸如“你不能……”“你不该……”等语句。

表述不佳的告警消息框示例如下。

- “错误！”
- “你不能删除文件！”

表述良好的告警消息框示例如下。

- “文件**.doc不能被删除，它正在被使用。”

过多的告警消息会影响用户的使用心情，会让用户觉得这个软件到处是问题。在设计软件的时候，要尽量避免让用户发生错误的操作，从而减少告警消息框的出现。下面提供一些有效的方法。

- 禁用或隐藏在当前状态下用户不该操作的界面元素，可以防止用户误操作。
- 尽可能采用带有数据校验的控件，防止用户输入错误的数据。
- 提供合适的默认值，减少出错的概率。例如，对于时间域一般取当前日期作为默认值，可以提示用户按照正确的格式输入。
- 尽可能用选择数据取代手工输入数据，这样不仅能减少出错的概率，而且可以提高交互的效率。例如，要输入日期，最好允许用户使用日期控件。

3. 通知消息框

通知消息框的用途是即时告知用户“谁在什么时候干了什么事情”，这个通知不需要用户确认，所以不使用弹出对话框，而是在专门的信息反馈区列出通知消息。信息反馈区用于显示用户的操作记录，及时反馈操作信息，如图 5-33 所示。

66.67%　存储 68%

图5-33　通知消息框

4. 过程消息框

对于比较消耗时间的操作，应当及时反馈过程消息给用户，要让用户心里有数，知道该任务处理得怎么样了，有了什么样的结果。如果某些事务处理不能提供进度等数据，那么至少要给出提示信息，如正在处理请等待，最好是提供合适的动画，让用户明白软件正在干活，没有死机。例如，储存一个文件，界面上最好显示“百分比”或相关数字来表示储存的进度，否则人们不知道要等待多长时间，如图 5-34 所示。

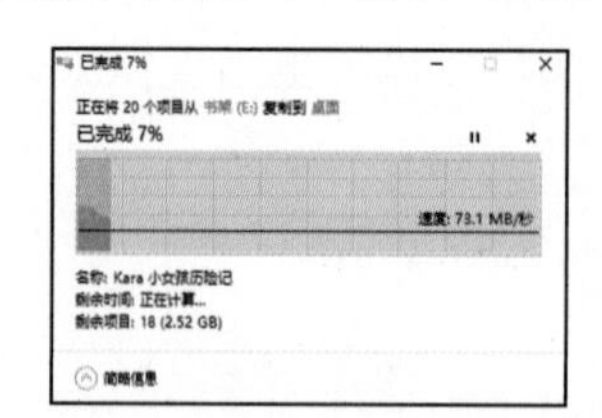

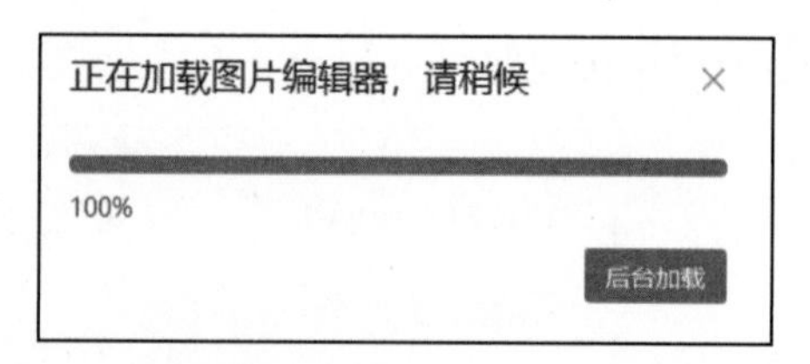

图5-34　过程消息框

5.6 窗口的交互规则

5.6.1 一般规则

- 除了绘图操作，尽量提供对所有功能的键盘访问。

- 除了文本输入，尽量提供对所有功能的鼠标访问。
- 尽量避免使用水平的滚动条，它会导致阅读困难。可以加宽窗口和使用垂直滚动条。
- 正确、一致地处理单击与双击操作：单击用来选择对象，双击用来选定对象并且执行相应的功能。
- 对于具有危险性或者破坏性的操作，应提醒用户确认该操作。
- 可通过更改光标或者标题栏文字来提示用户当前所处的状态和模式。
- 鼠标右键仅用于快捷菜单，而不应当有其他用途；除了滚动，尽量不使用鼠标的中键。

5.6.2 焦点规则

- 如果若干对象被同时选中，那么只有最后一个对象具有焦点。
- Tab键用来切换对象的焦点，Shift+Tab组合键与Tab键的功能类似，但是顺序相反。
- Ctrl+Tab组合键用来切换控件组的焦点，如在菜单栏、工具栏、地址栏之间切换，以及切换属性页等；Ctrl+Shift+Tab组合键和Ctrl+Tab组合键的功能相似，但是顺序相反。

5.6.3 选择规则

- 选择是用户经常使用的操作，选择的对象可以是下拉列表、单元文字以及非标准对象，等等。
- 对于图形对象或者图形区域，选中后应当高亮显示或者用醒目的边框提示。
- 当鼠标在选中的对象上移动的时候，最好能提供相应的反馈信息，如高亮显示或者用边框提示。
- 单选、连续多选、非连续多选等选择操作，都应当遵循操作系统的规则，使用正确的鼠标和键盘操作。一般来说，鼠标左键单击是选中对象，鼠标左键双击对象执行默认的操作，在选中的对象上单击鼠标右键可显示上下文关联菜单。
- 选择不同的对象时，关联菜单应当更新，激活允许使用的菜单项，禁用不允许使用的菜单项。

第6章 移动 App UI 设计

6.1 移动App UI设计概念

随着手机、平板以及智能手表等移动智能设备的广泛普及，移动 App UI 设计无疑是这几年最多的 UI 设计。

移动 App UI 设计，是非固定的、可移动的设备上的用户 UI 设计，也就是移动应用程序(mobile application，App) 的用户界面设计。目前，App 专门用来指安装在智能手机、平板电脑、智能手表和其他移动智能设备上的软件，以此来完善智能设备原装系统的不足与个性化，是为用户提供更丰富的使用体验的主要手段。

6.2 移动App UI设计的风格类型

考虑到用户的使用习惯、流量转化以及成本等问题，移动 App 的 UI 设计比较模式化。UI 设计的风格类型与 App 的功能属性有密切的关系。对于功能复杂、内容繁多的 App，就不太可能会出现简约空灵的视觉风格。

比如，一些电商和生活类 App 就更看重信息的归类和板块间的合理布局，以呈现更多的流量入口，如图 6-1 所示。

图6-1　电商和生活类App UI

综合类的阅读平台，信息庞杂繁多，需要尽可能多地展现相关文字。而一些小众类阅读 App，在 UI 设计上更偏简约的文艺范，如图 6-2 所示。

图6-2　综合类和小众类App UI

以图片或视频为主的 App，多采用图片标签式的展示方式或竖屏视频连续播放，让用户根本停不下来，如图 6-3 所示。

图6-3　视频类App UI

另外，也有一些工具类和个性化的 App，尽量将功能和信息简洁化，界面清爽直观，易用且好上手，如图 6-4 所示。

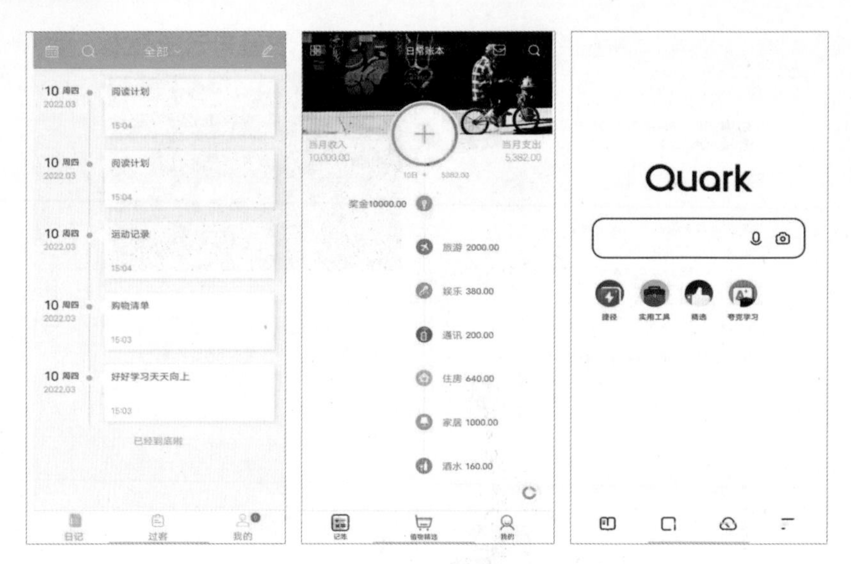

图6-4　工具类和个性化的App UI

6.3　移动App UI的设计原则

不管什么类型的 App，为了最大限度地提高影响力和覆盖面，在设计时需遵循一定的原则。

6.3.1　审美完整性原则

审美的完整性代表 App 的外观和行为与其功能的匹配程度。一个帮助人们执行严肃任务的应用程序，可以通过使用微妙、不引人注目的图形、标准控件和可预测的行为来让他们保持专注。如果是沉浸式的应用程序 (如游戏)，可以提供令人着迷的外观，保证乐趣和兴奋。

6.3.2　一致性原则

一致的应用程序是通过使用系统提供的界面元素、知名图标、标准文本样式和统一术语来实现熟悉的标准和范例。

6.3.3　直接操作原则

对屏幕内容的直接操作会吸引人们并利于理解。用户在旋转设备或使用手势改变屏幕内容时，会体验到直接操作。通过直接操作，可以看到行动的直接、可见的结果。

6.3.4　提供反馈原则

反馈是承认行动并显示结果，以使人们了解情况。应用程序要提供可感知的反馈以响应每个用户操作。交互元素在被点击时会短暂突出显示；进度指示器会传达长时间运行的操作状态；动画和声音有助于阐明操作的结果。

6.3.5 隐喻的原则

隐喻是指界面元素和交互方式以现实世界中已经存在的事物为蓝本进行的模拟设计。比如，图标设计和在交互中加入将视图移开以暴露下面的内容，拖动和滑动内容，切换开关、移动滑块和滚动选择，甚至虚拟翻阅书籍和杂志的页面，都是在对现实中此等行为的模拟。当应用程序的界面元素和交互方式是人们熟悉的事物或行为的隐喻时，人们会学习得更快。

6.3.6 用户控制原则

交互的控制权是人而不是 App，应用程序可以建议行动方案或警告危险后果，应让用户选择最终决定。最好的应用程序在用户启用和避免不必要的结果之间找到正确的平衡。应用程序应该被使用者掌控，方法是让交互元素保持熟悉和可预测，确认破坏性操作，以及轻松取消操作，即使操作已经在进行中。不要让用户感觉被牵制，要让用户感到控制权掌握在用户手中。

不难看出，移动 App 设计传承了软件用户 UI 设计的许多原则，综合考虑易用性、交互性、一致性和审美性原则，更多内容可参考上一节内容。

6.4 移动智能设备

由于设备尺寸和平台不同，界面的尺寸和布局都需要适配。同一款 App UI 设计需要兼容多种设备，以保证界面在不同的设备上清晰显示。目前，市面上移动智能设备款式繁多，根据使用场景不同，常见的移动智能设备可分为三类，即智能手机、平板和其他移动智能设备，如图 6-5 所示。

图6-5 常见的移动智能设备

6.5 移动智能设备的操作系统

根据系统平台不同，我国市面上常见的移动智能设备操作系统可分为三类，即 iOS（苹果）系统、Android（谷歌安卓）系统和 Harmony OS（华为鸿蒙）系统，如图 6-6 所示。当然，还有塞班平台和微软平台等，对于我国来说其用户使用数量偏低。

图6-6　移动智能设备操作系统

iOS 操作系统是苹果公司开发的手持设备操作系统，最初是为 iPhone 设计的，后来陆续套用到 iPod Touch、iPad 等产品上使用。iOS 与 Mac OS 操作系统一样，属于类 Unix 的商业操作系统。

Android 操作系统，中文名为安卓，是一种基于 Linux 内核的、自由及开放源代码的操作系统，主要应用于手机、平板电脑等智能手持设备，由美国 Google 公司和开放手机联盟领导及开发。目前，安卓系统在全球手机市场的份额居于第一位。基于 Android 平台的热门品牌有 vivo、oppo、honor、魅族、小米、三星等以及部分华为手机。

Harmony OS，中文名为鸿蒙，是由中国华为技术有限公司正式对外发布的一款不只为手机系统打造，而是面向万物互联时代的、全新的分布式操作系统。在传统的单设备系统能力基础上，Harmony OS 提出了基于同一套系统能力、适配多种终端形态的分布式理念，能够支持手机、平板、智能穿戴、智慧屏、智能家居、汽车等众多智能终端设备，提供全场景 (移动办公、运动健康、社交通信、媒体娱乐等) 业务能力。

6.6 iOS系统UI设计规范

为避免因设计尺寸错误而导致显示不正常的情况，设计师必须清楚移动设备的尺寸名词，如屏幕尺寸、屏幕密度、物理像素、逻辑像素、倍率等。

6.6.1 iOS常用术语

1. 视网膜显示屏

视网膜显示屏，也称为 Retina 屏，是由摩托罗拉公司研发的高端电脑屏显示技术，将超过人眼分辨率的数百万个像素点压缩到一块屏幕里，能提高显示屏分辨率和细腻程度，在保持非凡画质的前提下还能把炫光降低 75%。苹果的 Retina 屏在应用场景的视距内让人无法看清单个像素且从 iPhone 4 机型以后均为 Retina 屏。

2. 屏幕尺寸

屏幕尺寸指的是设备屏幕对角线的长度，其单位是英寸，单位符号为 inch。液晶屏在生产时为了保证大小统一，用对角线长度表示液晶屏的大小。

为了满足不同人群的消费能力与使用需求，移动设备液晶屏的尺寸种类比电脑端液晶显示屏的种类多得多。常见的手机屏幕尺寸有 5 英寸、5.5 英寸、6 英寸等规格。手机尺寸的大小是根据市场需求变化的，所以手机厂商也会根据用户的不同需求生产多款尺寸，比如 2021 年最新上市的 iPhone 13 mini 为 5.4 英寸，iPhone 13 Pro 为 6.1 英寸，iPhone 13 Pro Max 为 6.7 英寸。

3. 屏幕密度

屏幕密度又称为像素密度，[即每英寸的像素数量，ppi(pixel per mch，ppi) 是其单位]。像素密度越大，显示的画面效果越细腻。注意，ppi<240 的屏幕，肉眼可见明显的颗粒感；ppi>300 的屏幕，肉眼则分辨不出颗粒感。屏幕的清晰度其实是由屏幕尺寸和屏幕分辨率共同决定的，使用 ppi 指数来衡量屏幕的清晰程度更加准确。例如，iPhone 13 mini 为 5.4 英寸，2340×1080 px 分辨率，476 ppi。

4. 物理像素

物理像素也叫作设备像素，Pixel(px) 是其单位。设计师作图用到的分辨率都是指物理像素。屏幕都是由多个像素点组成，每个点发出不同颜色的光，构成我们所看到的画面。大家熟悉的 iPhone 8 屏幕，就是由 750 行、1334 列的像素点组成的矩阵图，所以 iPhone 8 的物理像素就是 750×1334 px。

屏幕尺寸与分辨率没有联系，而是与屏幕密度有关系，比如 iPhone 3和 iPhone 4 的屏幕尺寸同样是 3.5 英寸，iPhone 3 的屏幕密度是 163 ppi，分辨率是 320×480 px，iPhone 4 屏幕密度是 326 ppi，分辨率是 640×960 px，显然 iPhone 4 屏幕的显示精度更高。

5. 逻辑像素

逻辑像素 (Point，pt) 是 iOS 开发中用到的长度单位，和日常用到的毫米、厘米一样是长度单位，只是它要小得多。它不随屏幕密度的变化而发生变化，是固定单位，非常适合开发使用。pt 可以帮助换算不同倍率屏幕下的物理像素尺寸。与 Android 系统的长度单位 dp、Harmony OS(鸿蒙) 系统的 vp 的含义和换算是一样的，只是名字不同。物理像素是由硬件所支持的，逻辑像素是软件可以达到的。物理像素的多少决定着手机显示屏存在的分辨率，而逻辑像素是肉眼感知的实际尺寸。设备界面图像是由物理像素和逻辑像素共同构成的，二者缺一不可。程序员在开发环节须将设计师提供的分辨率 (物理像素) 转换成逻辑像素，并通过逻辑像素来控制页面中显示哪些内容。

6. 倍率

物理像素和逻辑像素之间存在着一定的比例关系，这种比例通常被称为倍率。

iPad Mini 的分辨率是 768×1024 px，实际尺寸也是 768×1024 px 的分辨率组成。也就是说，iPad Mini 的画面实际尺寸与分辨率是 1 ∶ 1 的关系，即 1 pt=1 px。

iPad Mini 2 由 768×1024 个逻辑像素与 1536×2048 个物理像素组成。也就是说，iPad mini 的画面逻辑像素与物理像素是 1 ∶ 2 的关系，即 1 pt=2 px。物理像素相较于 iPad Mini 增加了一倍，如果继续保持 1 pt=1 px，iPad mini 2 中所有的文字、输入框、按钮的视觉大小都会缩小一半，文字就会小到看不清。

不同设备上的逻辑像素与物理像素的比例是不同的。设计师在切图命名文件后缀时一般会标注为“@2x”“@3x”，对应的就是倍率的数值，这样标注可以提高各部门间的工作效率。

iPhone 3 分辨率是 320×480 px，逻辑像素也是 320×480 pt，属于 1 倍率，设计切图的文件名就可以标为“@1x”，也可省略。

iPhone 8 分辨率是 750×1334 px，逻辑像素是 375×667 pt，所以 iPhone 8 的倍率是 2，设计切图的文件名就可以标为“@2x”

Plus 系列一般是 3 倍率，就标为“@3x”。

倍率不一定都是整数，比如三星 GALAXY J2(540×960 px) 的倍率是 1.5；华为 M3 Life 8.0(1920×1200 px) 的倍率则是 2.25。

6.6.2 iOS设计尺寸

设计师在设置尺寸的时候，在 Sketch、Adobe XD、Adobe Illustrator 矢量设计软件中可以直接建立以 pt 为单位的逻辑像素尺寸，在 Photoshop 位图软件中可以建立以 px 为单位的物理像素尺寸。比如，选用 iPhone 6 做基准尺寸时，在矢量软件中建立 375×667 pt 尺寸大小；在位图软件中建立 750×1334 px 尺寸大小。

iPhone 和 iPad 的设备型号、尺寸及倍率参考，如图 6-7 所示。

iPhone设备型号	分辨率	设计尺寸	屏幕密度	倍率	换算关系
iPhone 12/13/Pro Max	1284×2778px	428×926pt	458 ppi	@3x	1pt=3px
iPhone 12/1312/13 Pro	1170×2532px	390×844pt	460 ppi	@3x	1pt=3px
iPhone 12mini/13 mini	1125×2436px	375×812pt	476 ppi	@3x	1pt=3px
iPhoneXS Max iPhone 11 Pro Max	1242×2688px	414×896pt	458 ppi	@3x	1pt=3px
iPhone X/XS/11 Pro	1125×2436px	375×812pt	458 ppi	@3x	1pt=3px
iPhone XR/11	828×1792px	414×896pt	326 ppi	@2x	1pt=2px
iPhone 6 Plus/6 SPlus iPhone 7 Plus/8 Plus	1242×2208px	414×736pt	401 ppi	@3x	1pt=3px
iPhone 6/6S/7/8	750×1334px	375×667pt	326 ppi	@2x	1pt=2px
iPhone 5/5C/5S	640×1136px	320×568pt	326 ppi	@2x	1pt=2px
iPhone 4/4S	640×960px	320×480pt	326 ppi	@2x	1pt=2px
iPhone 2/3G/3GS	320×480px	320×480pt	162 ppi	@1x	1pt=1px

iPad设备型号	分辨率	设计尺寸	倍率
12.9" iPad Pro	2048×2732px	1024×1366pt	@2x
11" iPad Pro	1668×2388px	834×1194pt	@2x
10.5" iPad Pro	1668×2388px	834×1194pt	@2x
9.7" iPad Pro	1536×2048px	768×1024pt	@2x
7.9" iPad mini	1536×2048px	768×1024pt	@2x
10.5" iPad Air	1668×2224px	834×1112pt	@2x
9.7" iPad Air	1536×2048px	768×1024pt	@2x
10.2" iPad	1620×2160px	810×1080pt	@2x
9.7" iPad	1536×2048px	768×1024pt	@2x

图6-7 iPhone和iPad设备型号、设计尺寸及倍率参考

6.6.3 iOS适配

人们通常希望能够在所有设备上和任何环境中使用他们最喜欢的应用程序。为了满足这一期望，同一款 App 用户界面需要兼容多种设备，以保证不同界面都能完美显示和精致清晰。设计师不可能把市面上所有型号的尺寸都设计一遍，所以就存在着设备适配的问题。由于 iOS 系统平台是非开源的，所以不能随意改动。它是通过设定逻辑分辨率来控制设备的屏幕密度 (ppi)，让开发者在对界面布局的时候不用考虑不同设备的影响。iOS 是通过控制缩放因子来解决开发者对于不同大小的设备的图片设计问题。

在设计之初，首先选择一个常见设备型号作为基准尺寸，然后输出倍率图进行适配。一般会选用市场占有率较高的 iPhone 机型来进行适配，如图 6-8 所示。以下为具有代表性的机型。

- iPhone 4：分辨率640×960 px，拟物风盛行的时代。
- iPhone 5/5S/5C：分辨率640×1136 px，扁平风时代。
- iPhone 6：分辨率750×1334 px，向下可以适配iPhone 4、iPhone 5，向上可以适配iPhone 6 plus；切出来就是二倍图(@2x)，是非常实用的一个设计尺寸，建议初学者使用该尺寸。
- iPhone X：分辨率1125×2436 px，进入2022年以来，成为一些大公司的常用设计尺寸。

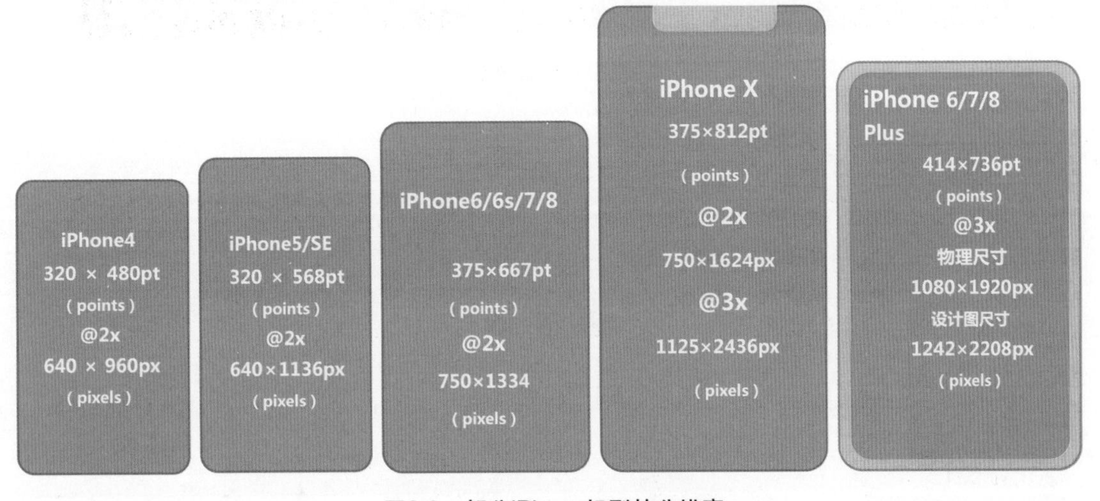

图6-8 部分iPhone机型的分辨率

设计尺寸适配流程如下。

(1) 选择设备尺寸：iPhone 6/7/8。

(2) 选择软件：矢量软件或位图软件。

(3) 建立尺寸：Sketch、Adobe XD 或 Adobe Illustrator 等矢量软件创建 375×667 pt 尺寸；Photoshop 等位图软件创建 750×1334 px。

(4) 输出倍率图：name@1x.png、name@2x.png、name@3x.png。

(5) 交付：后台技术人员进行适配。

对于初始设计机型，市面上的一倍图手机濒临淘汰，用户使用量逐年锐减，所以在设计时基本不采用。未来主流设备尺寸会向 iPhone X 倾斜，采用 3 倍图的机型尺寸做设计符合市场发展趋势。当然，用哪个设备、型号、尺寸和几倍图来做基准设计，不仅取决于市场，同时也取决于应用和客户的需求。

6.6.4 iOS界面布局规范

iOS 界面布局规范如下。

(1) 基准尺寸：iPhone 6S/6/7/8，750×1334 px，@2x。

(2) 状态栏 (Status Bar) 高度：40 px。

(3) 导航栏 (Navigation Bar) 高度：88 px。

(4) 标签栏 / 工具栏 (Tab Bars/Toolbars) 高度：98 px。

(5) 设计区 (Layout) 高度：1108 px。

图 6-9 中的状态栏 40 px 是 iOS 系统区域，为不可设计区域。除不可设计区域高度，其安全区域高度为 1294 px。

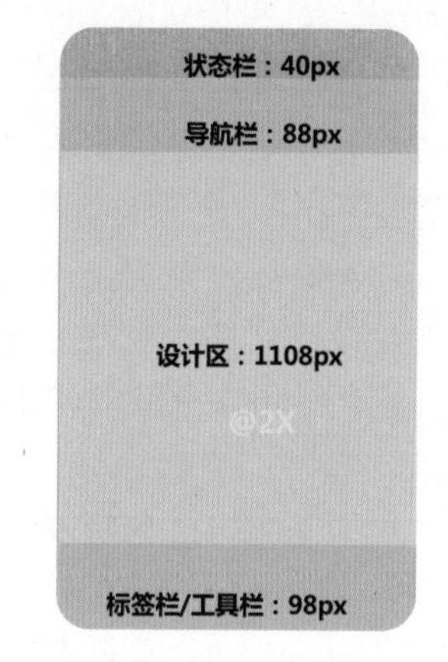

图6-9　iPhone 6S/6/7/8的区域尺寸

1. 状态栏

状态栏显示在屏幕的最上方，栏中包含信号、运营商、时间、电量等状态信息。当运行游戏程序或全屏观看媒体文件时，状态栏会自动隐藏，如图 6-10 所示。

图6-10　状态栏

2. 导航栏

导航栏位于状态栏之下，分为左、中、右三个区域。左、右区域放置控件，中间区域一般是标题，也有将标题放在左边的情况，如图 6-11 所示。

图6-11　导航栏

3. 标签栏

标签栏通常位于屏幕底部，又称工具栏或菜单栏，用来实现标签导航以及应用中功能模块的切换，如图 6-12 所示。

图6-12　标签栏

4. 安全区域边距

安全宽度边距：除红色侧边标注以内为安全区域，如图 6-13 所示。

图6-13　手机的安全区域边距

目前，手机样式繁多，比如有曲面屏等，我们的设计内容尽量不要安排在左、右两侧红色区域内，以防信息不能有效传递或不易操作。常用的安全边距尺寸有 32 px、30 px、24 px、20 px，需设置为偶数，最小不小于 20 px。

5. 布局尺寸规范

因为主流设备尺寸和倍数的关系，在布局界面时间距和高度等尺寸，一般会遵守偶数和 8 的倍数。也就是说，所有界面元素的高度、宽度，非通栏宽度、间距都能被 8 整除。因为大多数屏幕尺寸都能被 8 整除，如图 6-14 所示。

8px
16px
32px
96px
64px
Banner
32px
32px
16px
96px
8px

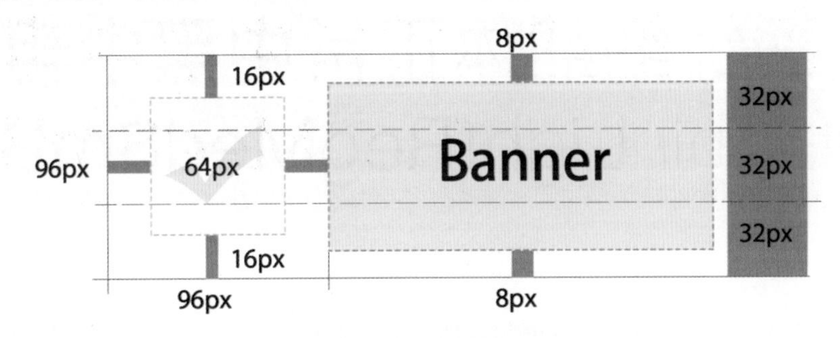

图6-14　布局间距尺寸

一些公司也有自己的尺寸设计规范，常用的最小栅格基准尺寸有 9 px、12 px、15 px 和 18 px，这些尺寸都仅供参考，具体规范应和后台人员以及 App 属性定位相关。

6.6.5　iOS文字规范

1. 英文字体

为了获得更好的视觉体验，最新的 iOS 推荐使用两款英文字体——San Francisco (SF) 和 New York (NY)，可以在 Apple 官网下载。

San Francisco 是一个无衬线字体系列，包括 SF Pro、SF Pro Rounded、SF Mono、SF Compact 和 SF Compact Rounded。字体与平台界面的视觉清晰度相匹配，效果清晰，如图 6-15 所示。

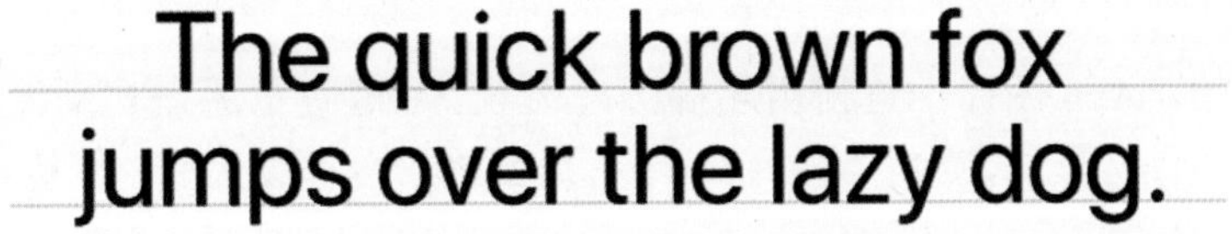

The quick brown fox
jumps over the lazy dog.

图6-15　San Francisco字体

New York (NY) 是一种衬线字体，旨在补充 SF 字体。NY 在图形显示环境 (大尺寸) 和阅读环境 (文本大小) 中的效果一样好，如图 6-16 所示。

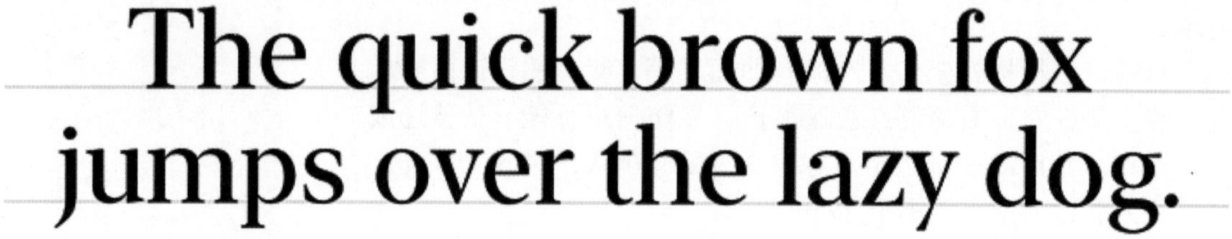

The quick brown fox
jumps over the lazy dog.

图6-16　New York字体

2. 中文字体

iOS 中文字体推荐使用苹方 (PingFang sc)，如图 6-17 所示。

极细纤细细体正常中黑中粗
UlLiThinLightRegMedSmBd

图6-17　苹方字体

由于 iOS 系统更新所使用的字体也会有所变化，所以要以苹果官方网站的新发布为准。以下为 @2x 字体尺寸推荐数值。

- 导航栏标题：32～36 px，如导航、分类名称等。
- 标题文字：30～32 px，用于较为重要的文字或操作按钮，如列表标题、分类名称等。
- 段落文字：26～28 px，用于段落文字、小标题模板描述，以及列表性商品标题等。
- 辅助性文字：22～24 px，用于次要标语或次要备注信息等。
- 最小字号：22 px。

文字层级建议以 4 px 作为最小跨度，这样才能明显看出大小对比关系。常见的字体大小规范是前人的经验总结，具体需要根据实际情况来设定。

由于使用默认字体容易导致审美疲劳和失去个性化，所以可以考虑内嵌字体。由于中文字体包过大，所以建议将英文或数字字体内嵌到 App 安装包中，推荐字体有 DIN、DOSIS、LATO 等。

6.6.6　iOS图标规范

从 iOS 7 开始，App 图标一直使用超椭圆的形状。iOS 提供系统自动遮罩圆角功能，在设计图中可用圆角图标展示，圆角半径为 180 px。提交给后台程序人员的图标可以是直角图标，如图 6-18 所示。

图6-18 App图标规范

在为 iOS 设计应用程序图标时，建议使用 Apple 提供的官方应用程序图标模板且从 1024×1024 px 分辨率开始设计，尽量使用矢量图层或矢量软件进行绘制。当实际使用时，等比缩放能确保图标的清晰度，如图 6-19 所示。

图6-19 1024×1024 px分辨率设计模板

因为红色区域可能被裁减或被系统角标遮挡，所以要避免重要的细节放入该区域，如图 6-19 所示。

界面图标分为系统图标和自定义图标。常用系统图标有启动图标、App Store 图标、

Spotlight 图标、设置图标，尺寸参考如图 6-20 所示。

设备型号　　1.5	启动图标尺寸	App Store图标尺寸	Spotlight图标尺寸	设置图标尺寸
iPhoneX/8+/7+/6s+/6s	180×180 px	1024×1024 px	120×120 px	87×87 px
iPhoneX/8/7/6s/6/SE/5s/5c/5/4s/4	120×120 px	1024×1024 px	80×80 px	58×58 px
iPhone 1/3G/3GS	57×57 px	1024×1024 px	29×29 px	29×29 px
iPad Pro 12.9/10.5	167×167 px	1024×1024 px	80×80 px	58×58 px
iPad Air1/2 mini 2/4 iPad 3/4	152×152 px	1024×1024 px	80×80 px	58×58 px
iPad 1/2/mini 1	76×76 px	1024×1024 px	40×40 px	29×29 px

图6-20　常用系统图标尺寸参考

自定义图标设计尺寸更灵活，如导航栏和工具栏图标、标签栏内的图标和其他图标，常用尺寸参考如图 6-21 所示。

设备型号	导航栏和工具栏图标尺寸	标签栏图标尺寸
iPhone 8+/7+/6s+/6s+	60×60 px	75×75 px，最大144×96 px
iPhone 8/7/6s/6/SE	44×44 px	50×50 px，最大96×64 px
iPad Pro/iPad iPad mini	44×44 px	50×50 px，最大96×64 px

图6-21　常用自定义图标尺寸参考

不同倍图常用图标尺寸如图 6-22 ～图 6-24 所示。

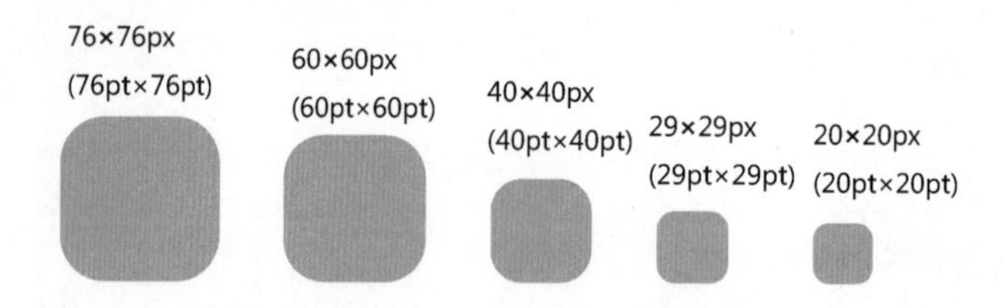

图6-22　@1x(一倍图)图标常用尺寸

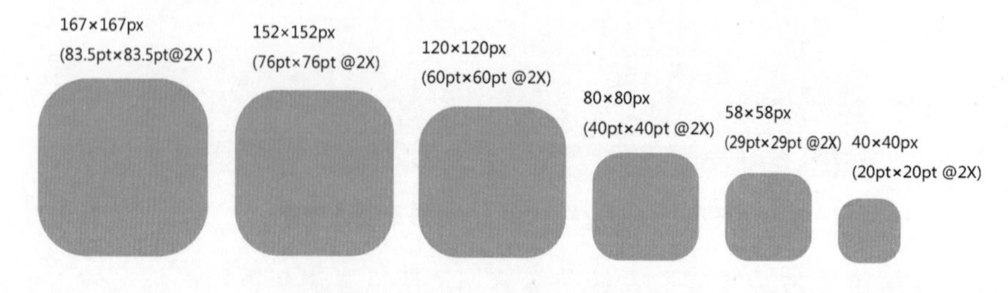

图 6-23　@2x(二倍图)图标常用尺寸

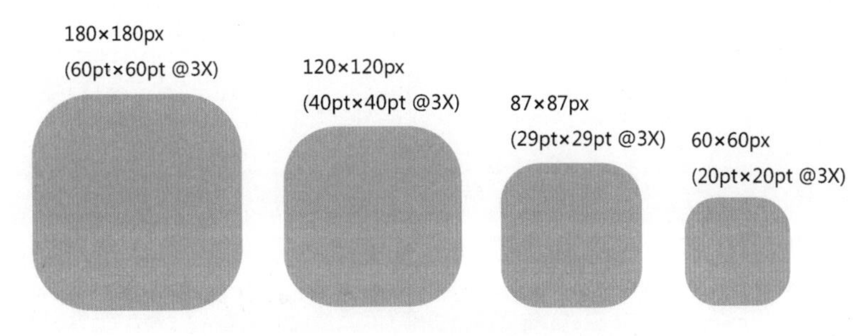

图6-24　@3x(三倍图)图标常用尺寸

为了方便适配，iOS 系统的启动图标存在着多种尺寸。有一个免费网站能够实现一键生成所有尺寸图标：https://icon.wuruihong.com/。

设计图标时，还应该充分考虑如下问题。

- 移动图标是整个应用品牌的重要组成部分。
- 图标是独特的，简洁的，打动人心的，让人印象深刻的。
- 图标在不同的背景以及不同的规格下都同样美观。
- 如果要考虑印刷，图标分辨率应该设置为300 dpi。
- 为了考虑多尺寸适配，栏图标和小图标的尺寸都应该是双数。

6.6.7　iOS交互注意事项

1. 底部按钮

延伸到屏幕边缘的按钮可能看起来不像按钮。出现在屏幕底部的按钮有圆角并与安全区域的底部对齐时看起来最好，这也确保它不会与主页键冲突，如图 6-25 所示。

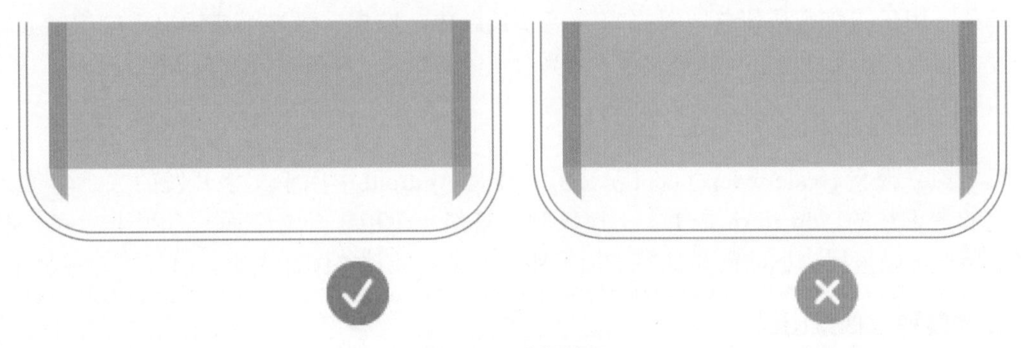

图6-25　底部按钮

2. 触击区域

在设置图标间隙时，要为交互元素提供充足的触摸空间，尽量让所有控件的最小可触击区域能够满足用户无障碍的点击，如图 6-26 所示。

- 在1倍屏中， 44×44 px为最小可触击区域的尺寸。
- 在@2x中就是88×88 px，iOS的导航条列表工具栏都充满了44 pt(88 px)这个常用尺寸。
- 尺寸只是参考，还需要考虑不同的触控人群和场景。

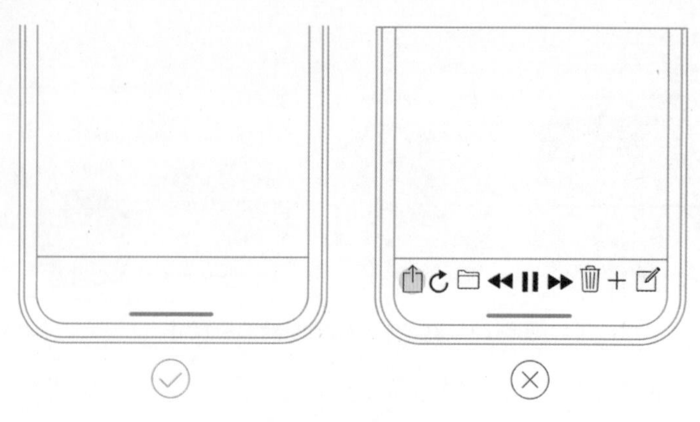

图6-26　触击区域

6.7 Android系统UI设计规范

Android 系统是开源的，界面可改动，对于设计来说更灵活。Android 不能像 iOS 那样为不同的设备在系统级别设置逻辑分辨率来方便开发者开发，但是 Android 也有很好的解决方案，就是使用 dp(密度独立像素) 作为逻辑分辨率和度量尺寸单位。

6.7.1 Android常用术语

1. 屏幕密度(dpi)

屏幕密度即屏幕像素点密度，也就是每英寸长度像素的点数 (dots per inch，dpi)，是一个量度单位，用于点阵数码影像，是指每一英寸长度中，取样、可显示或输出点的数目 (每英寸长度内的像素点数)。dpi= 屏幕宽度 (或高度) 像素数量 / 屏幕宽度 (或高度) 英寸。

2. 尺寸独立像素(sp)

尺寸独立像素 (scale-independent pixels，sp) 是 Android 中用于文字开发的大小单位。当文字尺寸是正常的，dp 和 sp 是 1 ：1 换算的，只是一个用于非文字而一个用于文字。sp 的特点是用户可以根据自己的需要调整字体尺寸，但是不能调整图标大小。

3. 密度独立像素(dp)

密度独立像素 (density-independent pixels，dp 或 dip/dips) 是 Android 用于非文字的长度单位。例如，屏幕像素点密度为 160 时，1 dp=1 px，如果以 dp 计算 dpi，那么 dpi 在不同设备上应该是一样的 160 dpi。当屏幕密度为 160 dpi，1 dp=1 px=1 dip，1 pt=160/72 sp，1pt=1/72 英寸。当屏幕密度为 240，1 dp=1 dip=1.5 px。

Android 中的长度单位 dp、文字大小单位 sp 是一个固定的物理大小单位，比如一张宽和高均为 100 dp 的图片，在 320×480 px 和分辨率为 480×800 px 的手机上看起来“一样大”，而实际上它们的像素值并不一样，dp 正是这样一个尺寸，不管这个屏幕的密度是多少，不同尺寸屏幕上相同 dp 大小的图像看起来始终差不多。

Android 系统的长度单位 dp、iOS 系统的逻辑像素 px、Harmony OS(鸿蒙)系统的长度单位 vp 只是由于公司不同而称谓不同，但是它们的含义和换算都是一样的，如图 6-27 所示。

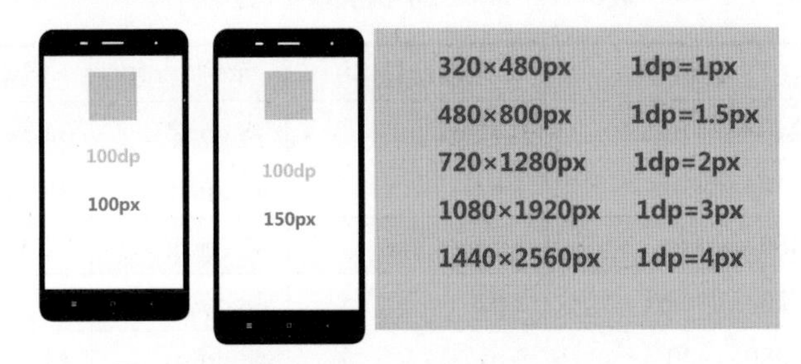

图6-27　Android系统的长度单位

6.7.2　Android设计尺寸

Android 手机尺寸繁多，根据 dpi 的不同，分为 ldpi、mdpi、hdpi、xhdpi、xxhdpi、xxxhdpi 等版本，如图 6-28 所示。

- ldpi版本是120 dpi，dp与px的像素比为1∶0.75，在这个版本下1 dp=0.75 px，对应所谓的0.75倍图。
- mdpi版本是160 dpi，dp与px的像素比为1∶1，在这个版本下1 dp=1 px，对应所谓的1倍图。ldpi、mdpi市场份额不足5%，新手机不会考虑这种倍率。
- hdpi版本是240 dpi，dp与px的像素比为1∶1.5，1 dp=1.5 px，对应所谓的1.5倍图。这个尺寸的市场份额不到20%。
- xhdpi版本是320 dpi，dp与px的像素比为1∶2，1 dp=2 px，对应所谓的2倍图。这个尺寸的市场占有比例最大。
- xxhdpi版本是480 dpi，dp与px的像素比为1∶3，1 dp=3 px，对应所谓的3倍图。这个尺寸的市场占有数量逐渐扩大。
- xxxhdpi版本是640 dpi，dp与px的像素比为1∶4，1 dp=4 px，对应所谓的4倍图。目前，极少数手机使用这个尺寸。

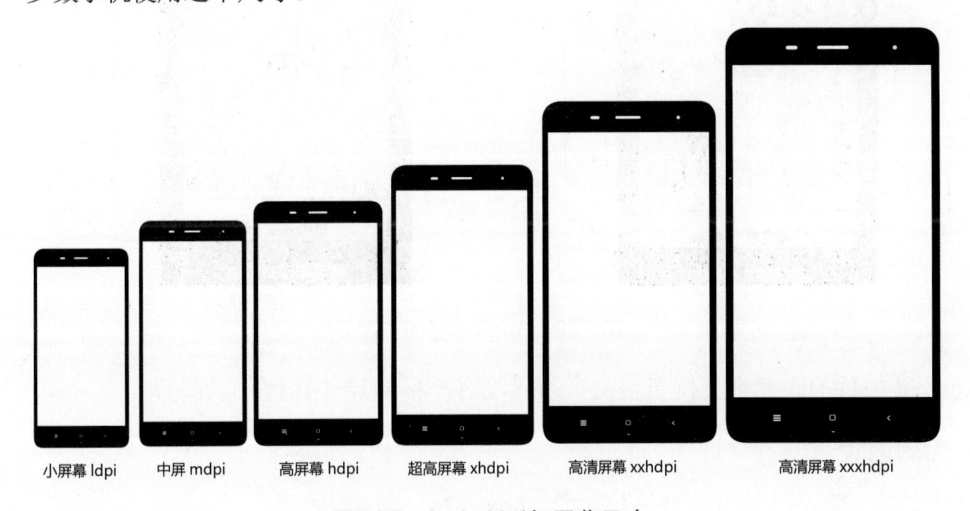

图6-28　Android手机屏幕尺寸

随着科技的进步，屏幕会越来越大，尺寸到达极限后会有所收敛，参考尺寸如表 6-1 所示。

表6-1 Android手机屏幕参考尺寸

Android	分辨率	像素比(1dp)	示例dp/sp	像素/px	倍图
ldpi (120dpi)	240×320 px	0.75 px	48 dp/sp	36 px	@0.75x
mdpi (160dpi)	320×480 px	1 px	48 dp/sp	48 px	@1x
hdpi (240dpi)	480×800 px	1.5 px	48 dp/sp	72 px	@1.5x
xhdpi (320dpi)	720×1280 px	2 px	48 dp/sp	96 px	@2x
xxhdpi (480dpi)	1080×1920 px	3 px	48 dp/sp	144 px	@3x
xxxhdpi(640dpi)	1440×2560 px	4 px	48 dp/sp	192 px	@4x

6.7.3 Android适配

由于开发成本等问题，推荐选用 xhdpi(720×1280 px) 或 xxhdpi(1080×1920 px)，作为基础设计尺寸，以适配到其他尺寸；也可以根据测试机尺寸进行设计或从设备的最大尺寸开始设计，然后缩小并适配到所需的最小尺寸。适配流程与 iOS 系统一样。有时候，Android 和 iOS 的设计稿若无太大差异，也可以 iOS 的设计为基准。用 Sketch 等矢量图形软件设计时常用 pt 作为单位，交付后可根据不同平台系统进行转换。

6.7.4 Android界面布局规范

Android 界面布局如图 6-29 所示。

xxhdpi 1080×1920 px

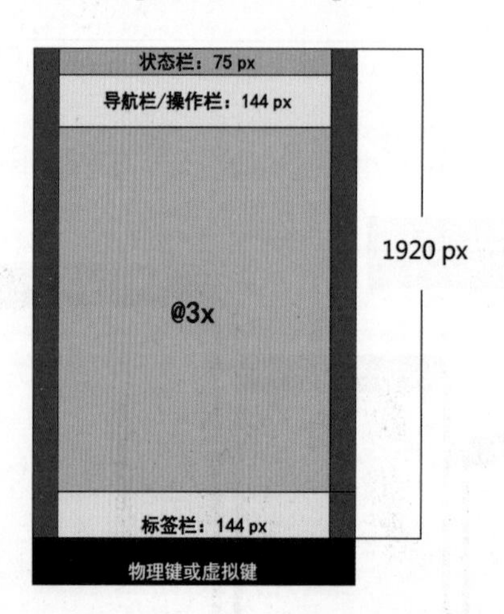

xhdpi 720×1280 px

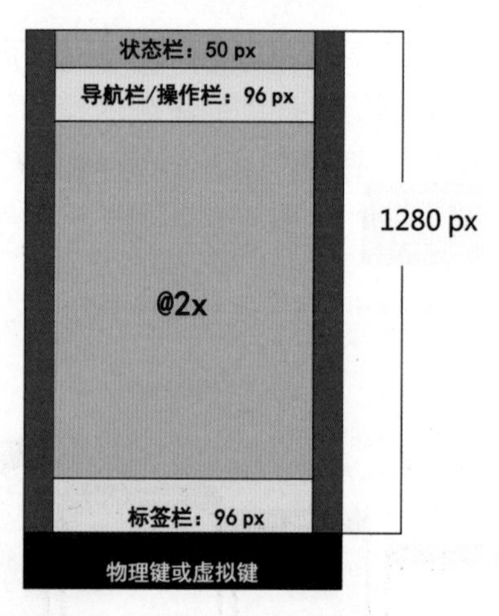

图6-29 Android界面布局

Android 控件的高度都支持自定义，所以没有严格的尺寸数值，以偶数为宜。

1. 全局边距

全局边距一般可设置为 8 的倍数，如 32 px、24 px。

在实际应用中，应根据不同的 App 采用不同的边距。如果设计的是工具类型 App，页面内容少，安全侧边距可以预留多一些；如果设计的是阅读类的 App，侧边距可留窄一些，让一行宽度能够承载的字数更多，浏览的内容也就更多一些。不同类型的 App 常用边距参考如下。

- 文字信息内容多，如新闻类、知识类：16 px、24 px。
- 图片内容多，如即时通信类、电商类：32 px、40 px。
- 信息少、重功能，如检测、跑步：48 px、64 px。
- 在较大的设备上或横向显示文本时，应选用较短的可读性边距，以获得舒适的阅读体验。

2. 状态栏

- 一般出现在屏幕顶端，底色可随App内页而变化。
- 一般包含网络状态、时间、电量、信息强弱、通知等用户需要的信息。
- 在设计沉浸式应用(如视频、游戏App横屏)时，为了增强用户体验，可以将其隐蔽，但也一定要能实时显示出来。

状态栏示例如图 6-30、图 6-31 所示。

图6-30　Android手机桌面状态栏

图6-31　爱奇艺App打开时手机状态栏

3. 导航栏/操作栏

- 起到导航切换视图和操作菜单等作用。
- 包含应用图标、下拉列表控件，用来快速切换视图，溢出更多按钮。
- 当下拉列表中的类目较多时，可以使用侧边栏展开。

导航栏 / 操作栏示例如图 6-32 ～图 6-33 所示。

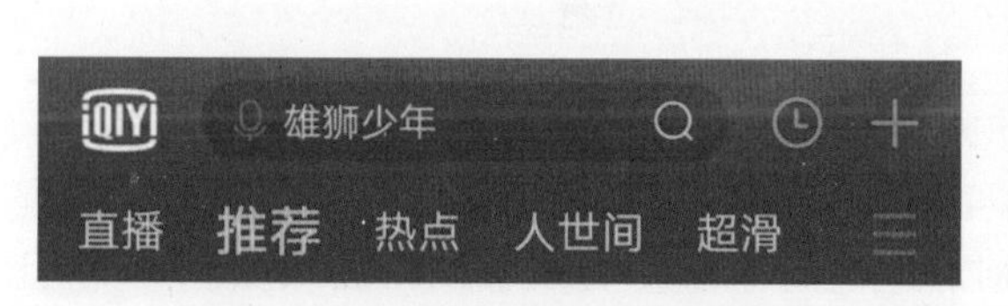

图6-32　爱奇艺App导航栏/操作栏

图6-33　支付宝App导航栏/操作栏

4. 标签栏

- 一般放在页面的最下方。
- 提供整个应用的分类内容模块间的快速跳转。

标签栏示例如图 6-34、图 6-35 所示。

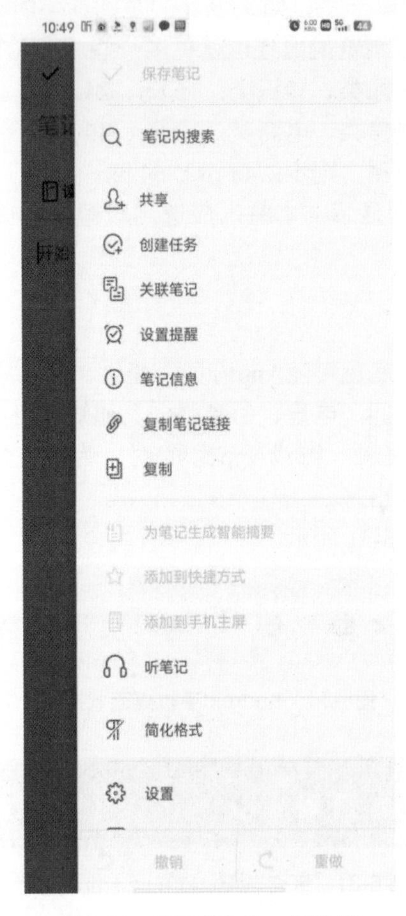

图6-34　印象笔记App侧边栏

图6-35　爱奇艺App标签栏

5. 布局尺寸规范

为了设计方便，在布局界面时，各模块的间距和高度尺寸应采用最小栅格基准尺寸——9 px、12 px、15 px 和 18 px，且所有界面元素高度、宽度，非通栏宽度、间距都能被最小栅格数整除。当然，可沿用 iOS 的 8 的倍数原则，这些尺寸都仅供参考。12 px 是最小栅格且是比较适中的尺寸；最小栅格数字越小，界面各模块之间就越紧凑，如电商购物类 App 信息繁多，适合用 9 px 作为最小栅格；内容较少的 App，适合用 18 px 作为最小栅格。

根据草稿原型图的信息框架，以 18 px 最小栅格进行原型图的规范布局时，要求图标大小，卡片高度、宽度以及各元素间距等数值都能被 18 整除；对于个别除不尽的部分，可根据需要进行适当调整，如图 6-36 所示。

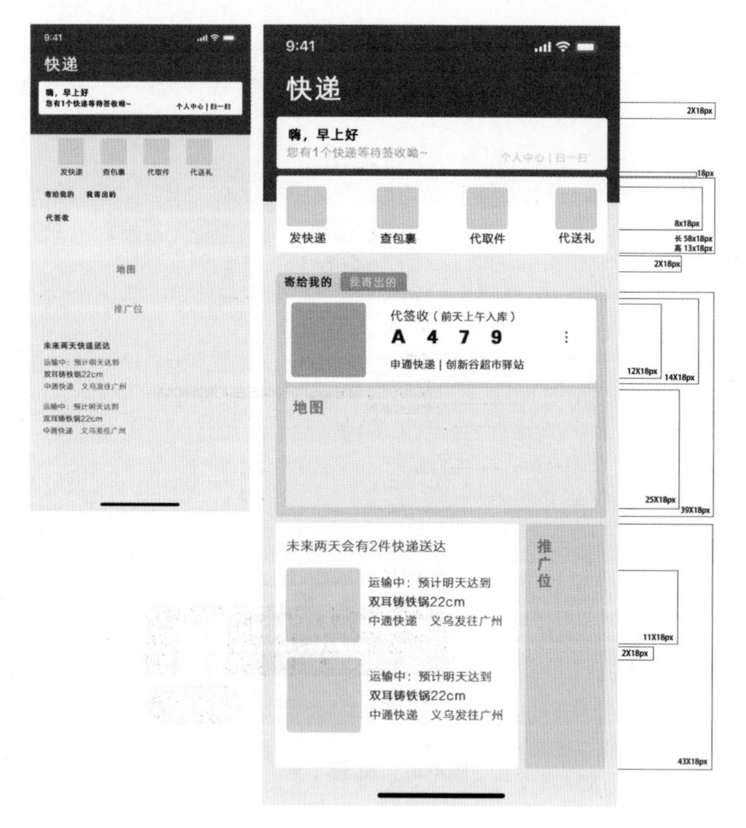

图6-36 布局尺寸

6.7.5 Android文字规范

1. 字体

Android Material Design 中的英文字体推荐使用 Roboto，中文字体推荐使用思源黑体(Noto)。Android 4.0 以上版本的主流字体中文推荐使用方正兰亭黑体简体和方正兰亭细黑体，英文字体推荐使用 Roboto。

2. 字号

以 xhdpi 为基准，常用字号大小如下。

- 一级标题，如带有强调作用，需要醒目的文字：22 sp。
- 导航标题：18 sp。
- 二级标题，如列表标题、功能入口以及图片名称常用字号：16 sp。
- 三级标题，如副标题以及文本字等：14 sp。
- 辅助、引导文字，如更多、标签、注释、日期等文字：12 sp(24 px)。
- 角标，最小字体：不小于10 sp。

字号尽可能选用偶数，因为奇数不利于倍数的换算。文字层级建议以 2 sp 为最小跨度，这样才能看出明显的大小对比关系，换算成像素就是 4 px 为一跨度，如图 6-37 所示。

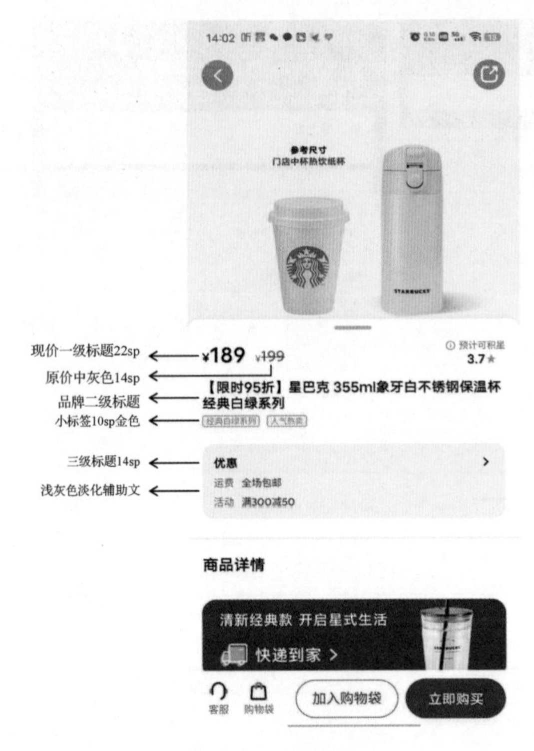

图6-37 标题字号

3. 颜色

除了利用字体、字号清晰地区分层级外，还可以用文本颜色进行区分。文本颜色尽量不要使用 #000000，推荐的文本颜色参考数值如图 6-38 所示。

图6-38 文本颜色参考数值

- 标题和重要内容文字颜色：#444。
- 层级稍低的内容文字颜色：#666。
- 层级更低的内容文字颜色：#888。
- 层级最低的内容文字颜色：#999。
- 对于层级较低又较为重要的文字，也可使用异色进行强调。

6.7.6 Android图标规范

基于开放的 Android 平台的手机型号非常多，且没有严格规定图标的尺寸大小，同时图标形状也可以各种各样的，如方形、圆形、矩形等。

原生态的 Android 系统图标风格特征如下。

- 使用一个独特的剪影。
- 使用三维的正面视图。
- 看起来稍微有点从上往下的透视效果。
- 使用户能看到一些景深。

Android 图标可分为启动图标、操作图标、工具栏图标和一些小图标，如图 6-39 所示。

图6-39 Android图标

Android 图标常用设计尺寸如表 6-2 所示。

表6-2 Android图标常用设计尺寸表

Android	启动图标	应用栏图标	上下文图标	系统通知图标
ldpi(120dpi)	36×36 px	24×24 px	12×12 px	18×18 px
mdpi (160dpi)	48×48 px	32×32 px	16×16 px	24×24 px
hdpi (240dpi)	72×72 px	48×48 px	24×24 px	36×36 px
xhdpi (320dpi)	96×96 px	64×64 px	32×32 px	48×48 px
xxhdpi(480dpi)	144×144 px	96×96 px	48×48 px	72×72 px
xxxhdpi(640dpi)	192×192 px	128×128 px	64×64 px	96×96 px

设计 Android 图标的时候，一般先从 512×512 px 开始，这正好是 iOS 图标设计尺寸的一半。如果不追求个性化，双系统启动图标可以完全相同，步骤是先绘制满足 iOS 系统的 1024×1024 px 图标，再缩小图标为 512×512 px 以满足 Android 系统启动图标的使用规范。注意，图标要有呼吸感，内图标与外图标要有一定的间距，图标下面的字与图标要有亲密性，不能离得太远。

由于某些手机厂商希望向 Apple 靠拢，强制要求两个系统的图标一样，这对于那些追求个性化的 App 会出现比较尴尬的情况——圆形启动图标被强制为方形圆角图标，某些 App 启动图标甚至会出现白边。

为了避免这种情况，从 Android 8.0 开始，应用图标可以进行适配。把应用程序的图标分为前景层和背景层，前景用来展示图形，背景起到衬托作用，只允许定义颜色和纹理，不能自定义形状。

程序人员通过 Android Studio 3.0 中内置的 8.0 系统应用图标适配功能就可以进行图标的适配操作。

6.7.7 Android交互的注意事项

安卓系统的按钮与可点击区域在尺寸上并没有严格的规定，可以由设计师自行设计与制作。为了避免操作错误和更好的交互体验，请参照以下设计规范。

- 需考虑用户手指接触屏幕的最小可点击区域。
- 按钮与可点击区域不得小于48 dp。
- UI元素之间的空白间隔建议设置为8 dp。
- 一般把48 dp作为可触摸的界面元素的标准，换算到xhdpi中为48 dp=96 px，xxhdpi中为48 dp=144 px。

6.7.8 Android的其他设计建议

1. 选项卡

选项卡可以实现在同一页面进行信息切换，每点击一次标签文字，下面的信息就可以进行改变。当前被选中的文字被点亮，用颜色进行区别，字号也应该较大，还可以加入下划线，常用尺寸建议如下。

- 被点亮文字：28 px。
- 未被点亮文字：32 px。
- 下划线可设置为圆角矩形：高度2～3 px 。
- 选项卡高度：78～88 px。
- 圆角选项卡：高度60 px，点亮文字26 px，未点亮时24 px。

2. 背景色与分割线

背景色和分割线看上去不是特别重要，但是它能提升 UI 的细节美感。以下给出几点建议。

- 背景色一般用灰色，深浅度建议用#F开头的灰色，如#FAFAFA。
- 可以根据界面主色调倾向的灰色，将页面颜色统一，如主色调为蓝色，就可以选择微微偏蓝的灰色。
- 分隔线面积太小，颜色可以稍微深一点，建议用#E开头的灰色，如#E8E8E8。
- 分隔线粗细：1 px。

安卓系统设计规范比较灵活，设计师可以根据需要自由创作。

6.8 Harmony OS系统UI设计规范

6.8.1 Harmony OS常用术语

Harmony OS 系统也有自己的尺寸度量单位。

1. 虚拟像素单位

虚拟像素单位 (virtual pixel，vp) 是以一台设备针对应用而言所具有的虚拟尺寸 (区别于屏幕硬件本身的像素单位)。它提供了一种灵活的方式来适应不同屏幕密度的显示效果。在二倍率 (@2x) 的屏幕分辨率下，1 vp=2 px。

2. 字体像素

字体像素 (fp)，在默认情况下其大小与 vp 相同，即默认情况下 1 fp=1 vp。

可以将鸿蒙中的 vp、iOS 中的 pt、Android 中的 dp 看作不同系统中的单位标注，但它们与 px 的换算比例是一样的。比如，在二倍图 (@2x) 的尺寸中，1 vp=2 px，1 pt=2 px，1 dp=2 px。

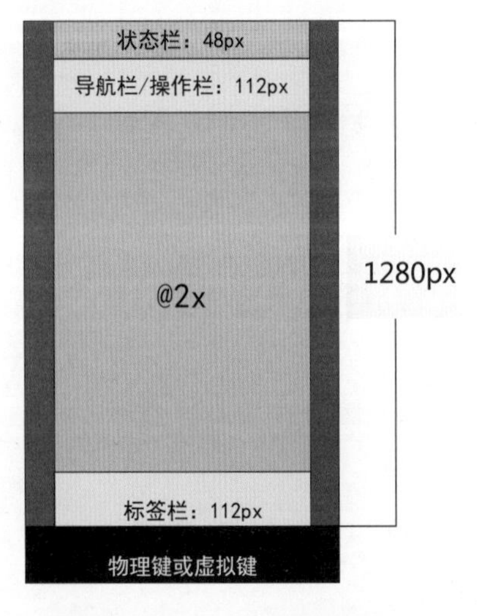

图6-40 Harmony OS界面布局

6.8.2 Harmony OS界面布局规范

Harmony OS 界面布局如图 6-40 所示。

- 基准尺寸：720×1280 px(360×640 vp)。
- 状态栏高度：48 px(24 vp)。
- 导航栏高度：112 px(56 vp)。
- 标签栏高度：112 px(56 vp)。

1. 导航栏

手机竖屏导航栏最多支持 3 个图标 (含菜单)，横屏导航栏最多支持 5 个图标 (含菜单)。标题靠左边，字体大小可为 20 fp，高度可为 112 px (56vp)。

2. 标签栏

标签栏最多允许放 5 个图标，字号大小为 10 fp，图标大小为 21 vp，高度可为 112 px (56 vp)。

尺寸可以根据设计需要进行更改，以 8 vp 作为网格的基本单位，可以对界面上元素的大小、位置、对齐方式进行更好的规划。

6.8.3 Harmony OS文字规范

Harmony OS 系统默认的字体为 Harmony OS Sans。字号与其他操作系统基本一致，如最小字体尺寸为 10 fp(@2x 中就是 20 px)，以偶数作为一个尺寸增长标准，上下层级以 2 fp 作为一个差别跨度为宜。

6.8.4 Harmony OS图标规范

功能图标设计和切图尺寸以 24 vp 为标准尺寸，中央 22 vp 为图标主要绘制区域，上、下、左、右各留 1 vp 作为空隙，如图 6-41 所示。

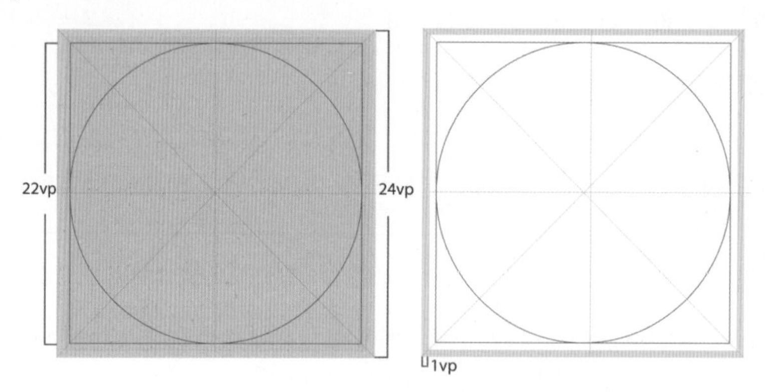

图6-41 Harmony OS功能图标设计和切图尺寸

根据形状不同，图标大小也不相同，正方形为 20 vp×20 vp，圆形直径为 22 vp，横长方形为 22 vp×18 vp，竖长方形为 18 vp×22 vp，如图 6-42 所示。

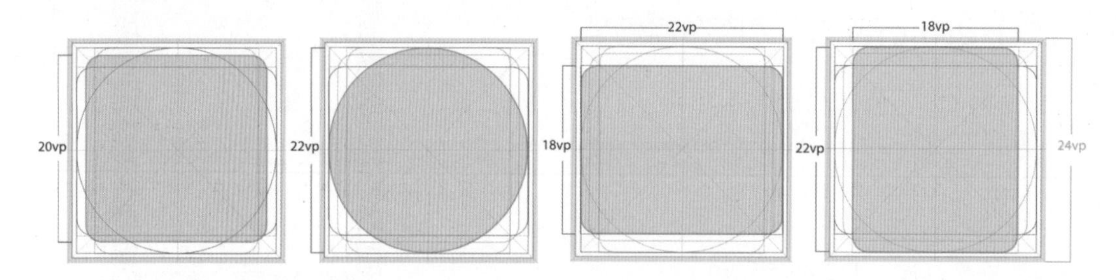

图6-42 Harmony OS图标形状和尺寸

6.8.5 Harmony OS其他设计建议

Harmony OS 系统与 Android 系统都属于开放系统，没有太严格的设计要求和规范，较为灵活，设计师可沿用 iOS 和 Android 系统的设计规范与习惯进行设计。

6.9 移动App切图规则与规范

根据设计规范将移动 App 界面的高保真原型图设计好之后，需要将设计好的按钮等图标切好图后交给开发人员放入应用中实现真正的交互，这是 UI 设计从设计概念到产品的一个重要环节。

6.9.1 切图类型

移动端 App 界面切图最主要的是以功能图标为主的切图输出。因为大部分 Bar 或底部标签栏等一些其他交互元素都可以通过技术手段来直接实现，不需要有太多的切图。

6.9.2 切图范围

切图主要包括视觉范围和切图范围。视觉范围是图标真实的尺寸，如图 6-43 中的红色部分，参考数值为 24 pt/dp；切图范围主要针对用户手指触碰的范围，也可叫作触击区域，如图 6-43 中的蓝色部分，参考数值为 48 pt/dp，如图 6-43 所示。

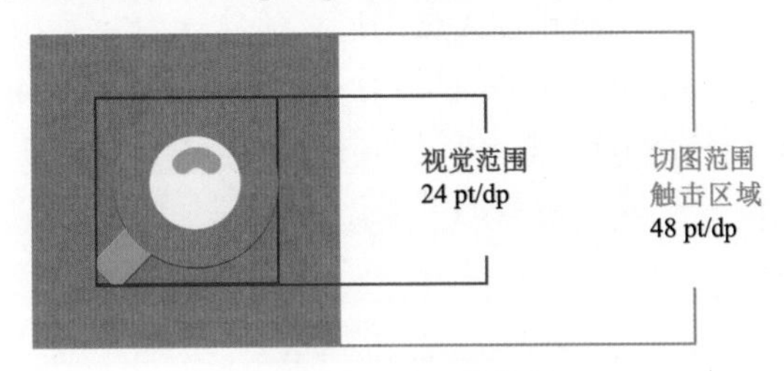

图6-43 切图范围

6.9.3 最小触击区域

1. 常规区域

iOS 官方建议手指最小触击区域为 44×44 px，它并不是一个固定的规范，只适用于 iPhone 4 一倍图这种小尺寸手机，二倍图手机就需要 88×88 px 的点击区域。人体手指比较舒适的点击区域是拇指平均大小 9 mm×9 mm，食指平均大小 7 mm×7 mm。

2. 需考虑使用群体和情境

青少年、老年人、驾驶员和视力残障人群在与界面交互时的使用情境都会不一样。

- 青少年：身体未发育完全、手指小，而且具有探索精神，其容错接受度较高，手指的触击范围可以做得小一点。
- 老年人：手指不太灵活，目的性也更强，其容错接受度偏低，手机触击范围可以做大一点。
- 驾驶员：在开车时使用，一只手操作情况较多，不能精准地触控，点击特点为快、准、稳，所以触击范围可以做得更大。
- 视力障碍人群：可能无法触击，没有反馈。

6.9.4 切图命名

在命名切图时，有一些不能改变的规范，具体如下。

- 必须使用字母，不能用中文。
- 必须使用下划线“_”，因为它属于英文字符，能被检测到。

- 必须缩写，如按钮“button=btn”。
- 必须有状态“正常”“按下”等，是指按钮未被按下和按下时的不同状态。
- 必须存为png带透明通道的图片格式类型。

切图命名需保证格式一致以及固定规范，所有人员都必须遵循，这样才能方便各部门协同运作。比如，以“模块_类别_功能_状态@2x.png”的顺序命名。

切图命名文件后缀标注“@2x”“@3x”，对应的就是适配尺寸的倍率数值。例如，Home_nav_search_nor@2x.png，意思为该切片是放置在2倍图主页(home)模块、导航(navigation)类别、搜索(search)功能、按键正常(normal)状态下的视觉效果。

命名是为了让开发人员明确知道这个切片是在什么页面的具体什么位置做什么用，以及在什么状态中使用。设计人员可以和开发人员沟通，确定一套大家都能看懂的命名规范。

切图工具可使用位图输出和矢量图输出软件，包括Photoshop、AI(Adobe Illustrator)、Sketch、XD(Adobe Experience Design)等，将界面内元素单独保存为有背景或透明背景的图片，并且为不同设备和屏幕分辨率生成多倍数的结果。

6.9.5 AI切图演示

图标常采用AI来设计，并输出为png和svg格式，配合AI、Sketch、XD的UI设计，还可通过AE(Adobe After Effects)生产动效文件。

(1) 在AI中制作好图标后，在“窗口”菜单中选择“资源导出”命令。

(2) 按住Alt键，将图标拖进“资源导出”面板，为每个组添加一个资源。

(3) 点击右下方“导出多种屏幕所有格式”按钮。

(4) 在“导出多种屏幕所有格式”对话框右侧可以选择iOS、Android系统，添加导出格式和缩放倍率(可选2x、3x等)，默认格式为png和svg，导出资源自动生成文件夹，命名后切图完成，如图6-44所示。

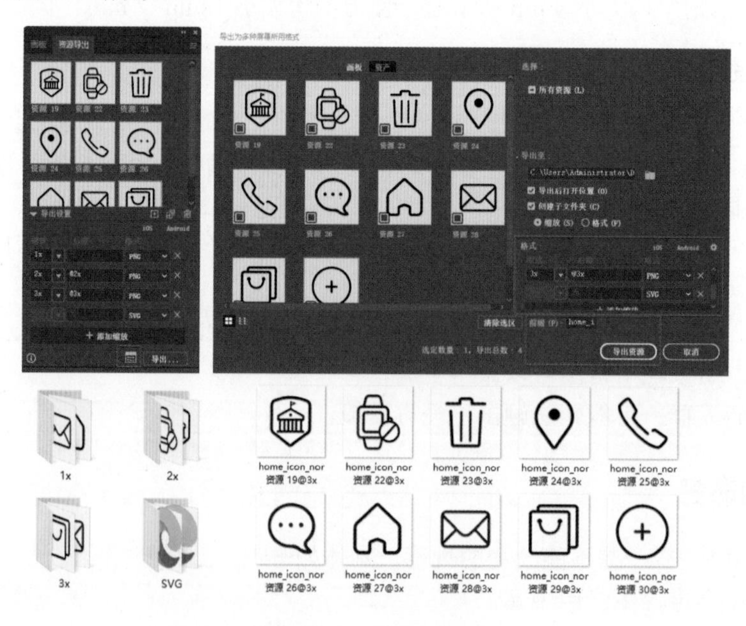

图6-44　AI导出格式

网页 UI 设计

网站主要用于浏览信息，面向大众用户。网站页面的内容随时会更新，不存在统一的网站用户界面格式。因此，“个性化”和“不断变化”是网站的用户界面特征。

7.1 常用术语

7.1.1 网站

一个网站往往由多个文档组成，如网页文档、文本文档、声音文档、影像文档、程序文档等。

7.1.2 网页

网站中所有供人阅读的 Web 文件称为网页，而网站中第一个让人阅读的页面通常称为 Homepage(首页)，常见 Web 服务器中设置的默认首页有 index.htm、default.htm 等。

7.1.3 浏览器

浏览器是用来显示指定网页的程序。网页中各部分的尺寸受电脑屏幕尺寸、手机屏幕尺寸、平板电脑屏幕尺寸、浏览器，以及浏览器中用户自动增加工具条和被安装的第三方插件的影响。市面上常见的浏览器有 IE、火狐、360、搜狗等，其常见参数和国内市场份额如表 7-1 所示。

表7-1 市面上常见的浏览器参数和市场份额

浏览器	状态栏	菜单栏	滚动条	市场份额/%
IE浏览器	24px	120px	15px	35
360 浏览器	24px	140px	15px	28
Chrome 浏览器	22px(浮动)	60px	15px	8
搜狗浏览器	25px	163px	15px	5
傲游浏览器	24px	147px	15px	1
火狐浏览器	20px	132px	15px	1

7.2 网页界面风格

网站的品类有门户、新闻类，企业、产品、官网类，电商平台类，社区、博客类，办公、后台管理类，等等。网站品类的用户群体众多、需求多样，对设计师来说可发挥的空间灵活多变。网页界面大致可归纳出以下风格。

7.2.1 严肃稳重型

严肃稳重型网页主要用在政府机关、研究机构、学院网站等，能体现工作严肃认真、一丝不苟，与其职能属性的形象相吻合。

7.2.2 综合流量型

综合流量型网页是以流量转换为目的，界面布局主要以各种图片、文字为流量入口进行引流变现的综合型电商平台和各大门户网站等，如图 7-1 所示。

图7-1　综合流量型网站

7.2.3 简洁大气型

简洁大气型网页以高清吸睛大图占据主要布局，整体简洁而不失大气风范。这是大品牌、大企业青睐的网页风格，旨在突出主要业务属性，同时展现企业文化和态度，如图 7-2 所示。

图7-2　简洁大气型网站

7.2.4 生动活泼型

生动活泼型网页常用于艺术、体育、娱乐、生活、宠物等网站，在视觉上能令人感觉到轻松、快乐、心情放松，如图 7-3 所示。

图7-3 生动活泼型网站

7.2.5 时尚个性型

时尚个性型网页传达的信息主题与时尚态度相关，受众主体是年轻人，如时尚、前卫、小众型网站，如图 7-4 所示。

图7-4 时尚个性型网站

7.2.6 传统古朴型

传统古朴型网页常用于表现民族传统文化、历史古迹、地域特色等，艺术造型手法、色彩表现带有古色古香的韵味，表现出历史文化积淀或神秘莫测的风格，如图 7-5 所示。

图7-5 传统古朴型网站

7.3 屏幕分辨率与自适应

网页设计的基础尺寸应根据用户群体的使用需求和设备分辨率的不同而有所不同，比如政府网站和游戏网站的分辨率就不太一样。各类型网站可以通过确定用户群(用户画像)和参考同类的权威性网站找到适合的尺寸。

7.3.1 横屏

如果没有特别要求，初始尺寸可以使用市场占有率最多的 1920×1080 px，安全区域宽度设置为 1000 ～ 1200 px，然后应用自适应来适配各种分辨率的设备。

华为官网是按照 16 ∶ 9 屏幕、分辨率 1920×1080 px 设计的，首页 Banner 刚好占据一屏，如图 7-6 所示。

图7-6 华为官网16：9屏幕效果(分辨率为1920×1080 px)

华为官网其他尺寸的自适应也做得相当不错，保持了各分辨率界面视觉效果的一致性，如图 7-7 所示。

图7-7　华为官网大屏效果(分辨率为2560×1080 px)

华为官网在小尺寸的笔记本电脑、平板电脑和手机端的浏览器中，将横向导航栏放置到右上位置变为了下拉栏式的导航方式，以适应不同设备的用户交互行为的习惯，如图 7-8 所示。

图7-8　华为官网笔记本屏幕效果

在平板电脑中显示时，除了导航条变为了下拉式菜单，首页的 Banner 条也变短、变宽，文字字号变大来适应平板电脑的屏幕比例，给用户提供更佳的视觉感受，如图 7-9 所示。

另一种自适应效果则是以背景图出血的方式来实现自适应的。图 7-10 ～图 7-14 所示为腾讯官网首页各种效果。

图7-9　华为官网在平板电脑浏览器中的效果

图7-10　腾讯官网16：9屏幕效果(分辨率为1920×1080 px)

图7-11　腾讯官网大屏效果(分辨率为2560×1080 px)

图7-12　腾讯官网笔记本电脑小屏效果(分辨率1366×768 px)

图7-13　腾讯官网4：3屏幕效果(分辨率1024×740 px)

图7-14　腾讯官网在平板电脑中的效果

自适应设备分辨率是市场趋势。为了网页界面的美观和易用性应该根据用户画像合理考虑不同分辨率的适配问题。如果不考虑自适应，也应注意网页两侧尽量不留白边，如图 7-15 所示。

图7-15　网页两侧的白边

7.3.2　竖屏

考虑到页面大小、横竖构图的局限性，一般将电脑端和手机端网页界面布局分别进行设计。手机界面有系统状态栏、导航栏等，以 iPhone 6/7/8 为例，全尺寸为 375×667 pt，去除上下边框部件区域以及左右限制等尺寸，安全区域为 327×554 pt(页面中的主要内容信息不要超出安全区域)。如果一定要适配电脑端，超出安全区域的地方不要留白，可以设置底色或底图考虑其出血效果。导航栏不要采用大通栏，而是改为下拉菜单栏模式，如图 7-16 所示。

图7-16　竖屏网页界面

7.4 网页的栅格布局

栅格布局是固定平面排版设计中的栅格系统，它同样适用于网页设计，可以实现响应式网页以适配不同设备的分辨率。

栅栏一般设置 12 列。因为 12 这个数字配比的组合非常灵活，可以为通栏，也可以为两等分 (6+6)、三等分 (4+4+4) 或四等分 (3+3+3+3)，如图 7-17 所示。

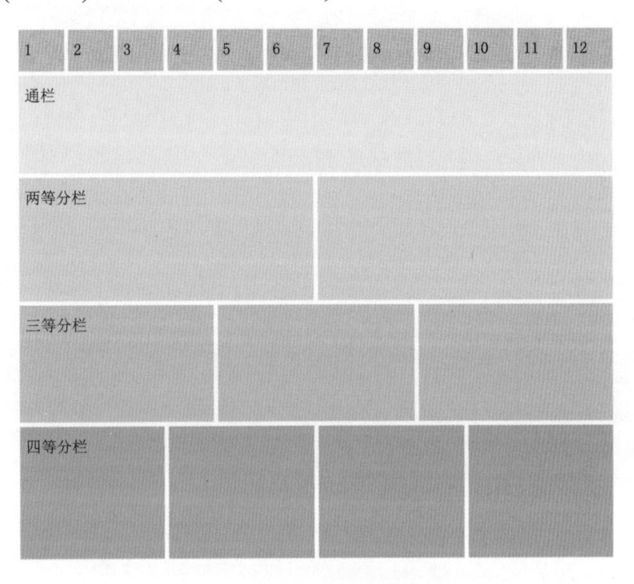

图7-17 网页的栅格布局1

另外，还可分为 2:1(8+4 或 4+8)、3:1(9+3 或 3+9)、5:1(10+2、10+2) 以及其他更多的组合，如图 7-18 所示。

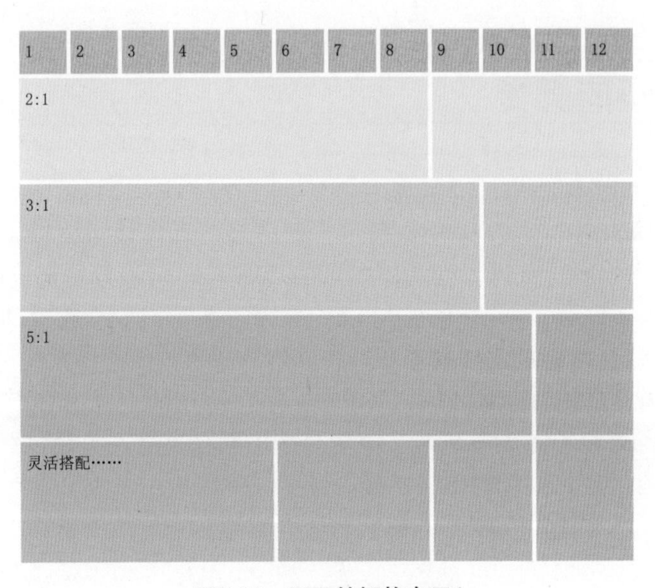

图7-18 网页的栅格布局1

利用栅格制作响应式网页，很容易实现不同分辨率的设备间的整体缩放，还能保持布局不变。同时，它在移动端竖屏中也很容易实现变化，使界面视觉整体一致，如图 7-19 所示。

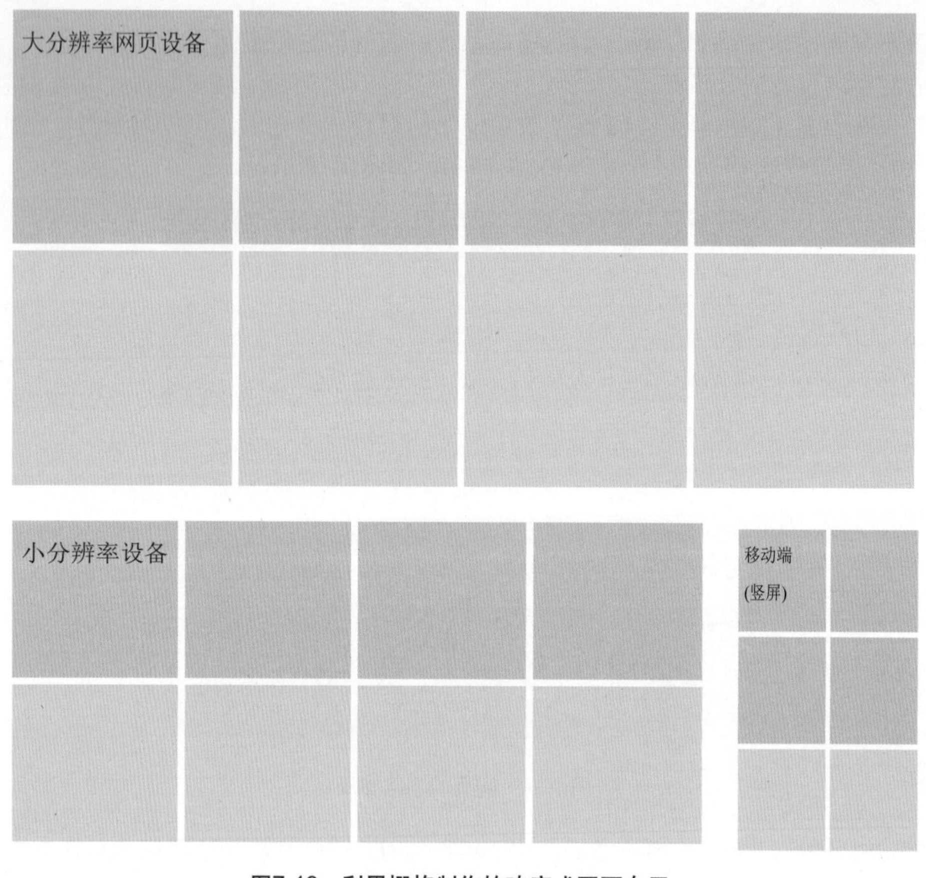

图7-19　利用栅格制作的响应式网页布局

7.5 网页布局参考

不同的用户群体，其设备、浏览器等都不同。为了方便讲解，这里用一个常用尺寸 1920×1080 px 作为基准首页，如图 7-20 所示。假定用户群体使用大分辨率设置较多，可以将宽设置为 1440 px 作为设备下限，再留出滚动条等宽度，可设置安全区域为 1396 px，将其平分为 12 列，每列宽 98 px，间距宽度 20 px；左、右各留出安全距离 262 px；导航栏高约 80 px(可置顶或隐藏)。其他模块依内容多寡和风格等需求按照栅格系统进行合理布局，这样就可以得到整洁、规范的网页布局。

网页可向下滚动，以一屏为单位，文字信息多的网页高度不宜超过 3 屏。页面过长会使用户感觉冗长和疲惫，产生不好的体验感受。文字注意层级，最小字号不低于 12，如图 7-21 所示。

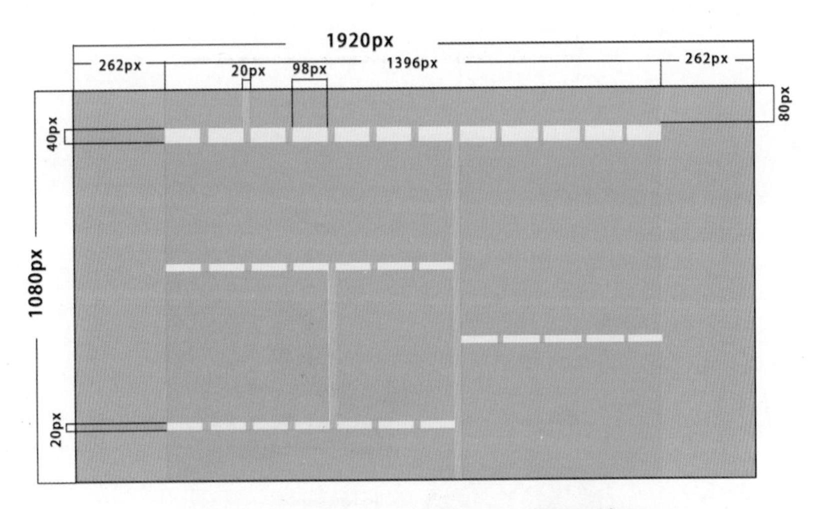

图7-20　分辨率为1920×1080 px的首页布局

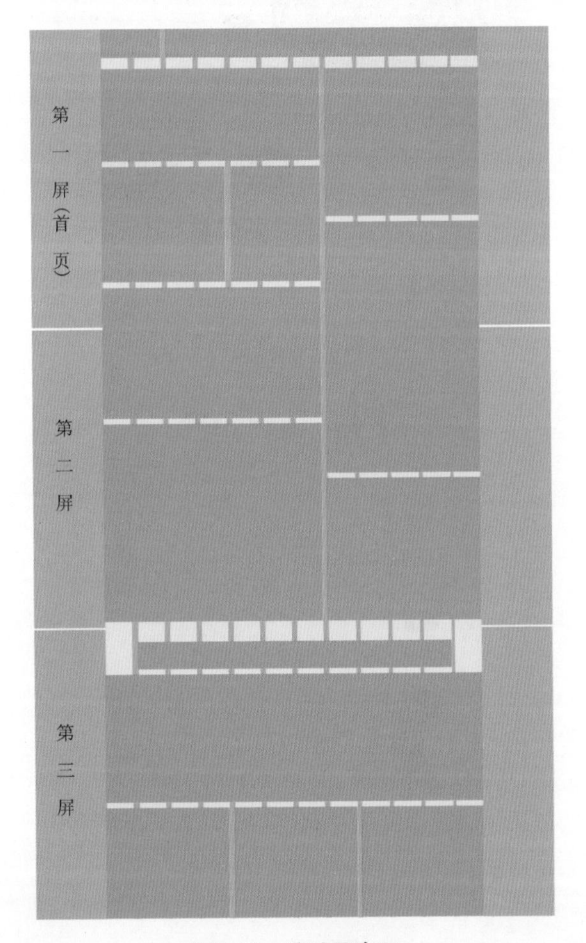

图7-21　滚动屏布局

如果网页界面布局简洁，网页界面的长度就较为灵活。简洁的界面、少量的文字和引人入胜的画面，一般不会给用户带来过度的疲惫感，如图 7-22 所示。

图7-22　简洁的网页界面布局

7.6 网页字体

电脑端 Windows 系统通常使用宋体和微软雅黑字体，Mac OS 系统与 iOS 一样使用苹方字体。字体的显示基于用户系统的字体库，如果没有需要的默认字体，电脑端会进行次级代替。

7.7 网页切图

考虑到网速对网页加载和交互的影响，对设计出来的网页原型图进行切图是必要的，因为一张大图的加载速度是极慢的，将页面切成若干小图片可以提高网页的显示速度；对网页中的交互按键进行切图，可以方便实现网页交互。

7.7.1 切图的原则

切图的大小是越小越好，切图的数量是越少越好。而这两个原则是相互矛盾的，所以一个网页切成 20 ～ 30 个图就可以了，这样网页的加载速度不会受到影响。

7.7.2 切图的技巧

- 切图时应一行一行地切，不能分开就不分，选行的时候要注意合理性。
- 切图的时候，图片至少放大到300%，以便随时检查是否有漏掉的像素。
- 图片应该是平均切，而不是一块大、一块小的，以免图片加载速度不平衡。
- 图片上有大段文本的时候，一定要切出文字，不然不利于搜索引擎的优化。文本不要转存为图片，应由开发人员在软件中输入为文本字符。

7.7.3 切图的类型

网页的切图类型可以归纳为背景 (bg)、列表项目的符号 (li)、内容中插入的图片 (pic)、图标 (ico)、按钮 (btn) 等形式。

1. 背景

切背景图一般有以下三种方法。

- 把设计图上完整的一块导航条切下来做背景。
- 切一个像素进行平铺。
- 直接使用颜色做背景。

这三种方法最终呈现的视觉效果相同，但网页加载性能最好的是第三种。网页背景能用颜色的用颜色，不能用颜色的用平铺，最后才考虑用图片。除页面头部大图保存格式用 JPG 外，其他图片一律采用 gif 格式。

2. 图片、图标和符号

有时候，同一个设计元素并不只有一个地方用到，还有其他多个地方也会用到，所以要注意把同一个元素应用到多个地方，而不是在每一个地方都切一块图片。切图时，必须精准切到边缘，尽量把图片缩到最小。

3. 按钮控件

电脑端的鼠标触击区域在 4×4 px 就能点击，相比手指触控，鼠标的精准度更高。一般来说，网页的访问对象大多是电脑端用户，也有少部分移动端用户，所以移动端的网页需考虑手指触控范围。

电脑端鼠标的操控状态有以下 5 种。

- nor：默认/正常Normal。
- hig：高亮/滑过Highlight/Mouseover。
- pre：按下(Presse)。
- sel：选中(Selected)。
- dis：不可用/禁用(Disabled)。

鼠标操控的交互行为比移动端手指操控要多出“划过”与“选中”两个状态。另外，并非所有按钮控件的状态都要设计视觉效果，一般需要设计的是“正常”状态，“鼠标滑过”状态，“选中”状态，如有需要还会设计“禁用”状态。

游戏 UI 设计

随着科技的发展，游戏的视觉表现、玩法设计等都在不断地突破创新，各类型的游戏都受到欢迎。不管游戏种类有多少，游戏 UI 都要基本遵循 UI 设计的一般性原则，只是它的内容更丰富，前期的用户研究和产品研究更具体。

8.1 游戏的分类

现在游戏行业发展非常迅速，种类繁多。按照不同的划分方法，可以分出很多种类。

按网络来划分，可分为单机游戏和网络游戏，或者叫线下游戏和线上游戏。

按设备来划分，可分为电脑游戏 (如图 8-1 所示的《仙剑奇侠传》)、网页游戏 (如图 8-2 所示的《龙权天下》)、手机游戏 (如图 8-3 所示的《宾果消消乐》) 等。

按系统平台来划分，还可分为 iOS 系统游戏、Android 系统游戏等。

按游戏类型来划分，可以分为休闲类游戏 (如图 8-4 所示的《捕鱼达人》等)、传统棋牌类游戏 (如图 8-5 所示的《象棋游戏》)、《斗地主》等；对战类游戏 (如图 8-6 所示的《阻击行动》) 等。

图8-1　电脑游戏《仙剑奇侠传》

图8-2　网页游戏《龙权天下》

图8-3　手机游戏《宾果消消乐》

图8-4　休闲类游戏《捕鱼达人》

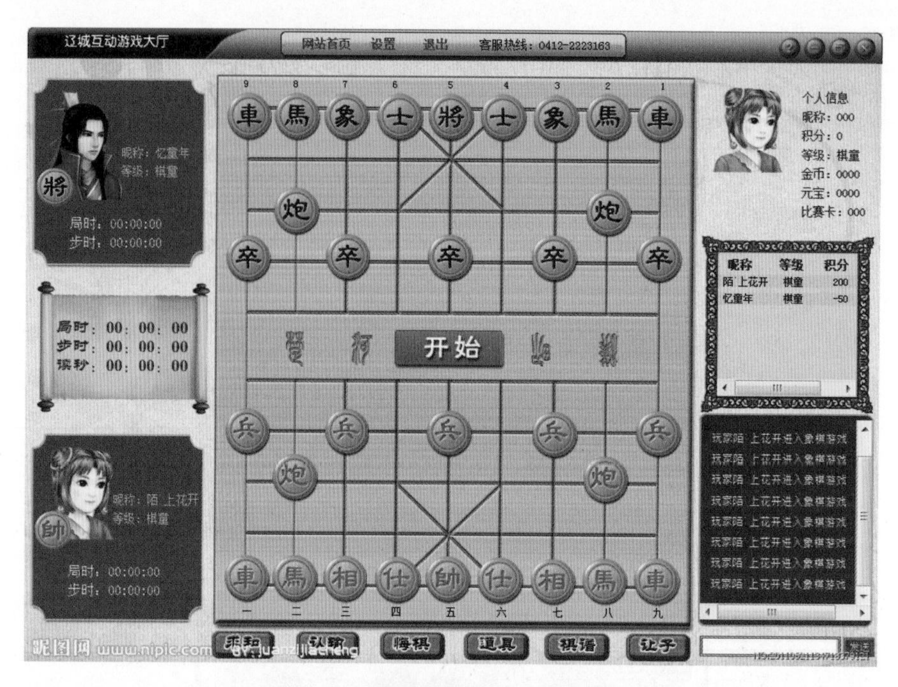

图8-5　传统棋牌类游戏《象棋游戏》

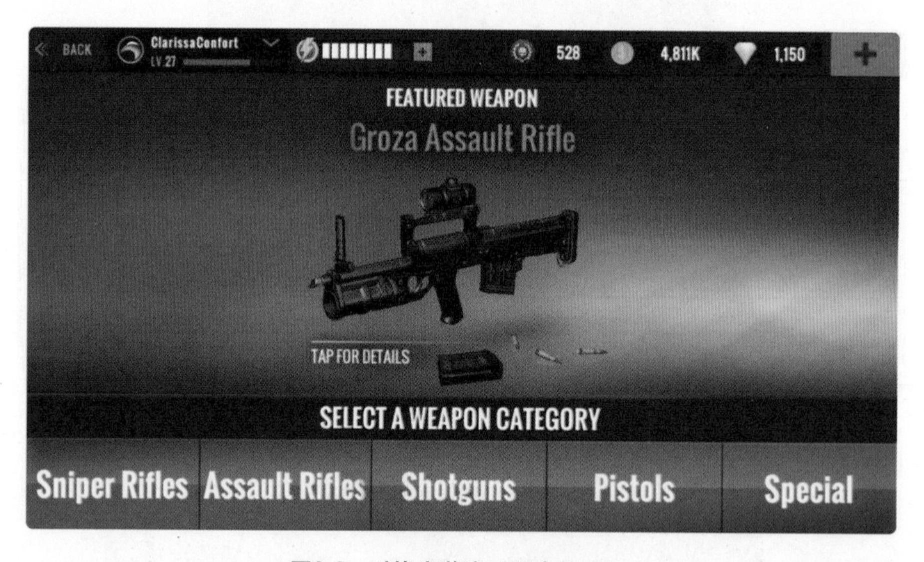

图8-6　对战类游戏《阻击行动》

按游戏模式划分，有角色扮演类游戏，如《魔兽世界》(见图 8-7)、《明星志愿》等；动作游戏，如《超级马里奥》、《合金弹头》(见图 8-8) 等；冒险游戏，如《古墓丽影》(见图 8-9) 等；策略类游戏，如《三国志》、《保卫萝卜》(见图 8-10) 等；格斗类游戏，如《街头霸王》(见图 8-11) 等；射击类游戏，如《反恐精英 online》(见图 8-12)；益智类游戏，如《植物大战僵尸》(见图 8-13)；竞速类游戏，如《跑跑卡丁车》(见图 8-14)、《极品飞车》等；体育类游戏，如《NBA》(见图 8-15) 等；音乐类游戏，如《劲舞团》(见图 8-16) 等。

图8-7　角色扮演类游戏《魔兽世界》

图8-8　动作游戏《合金弹头》

图8-9　冒险游戏《古墓丽影》

图8-10　策略类游戏《保卫萝卜》

图8-11　格斗类游戏《街头霸王》

图8-12　射击类游戏《反恐精英online》

图8-13　益智类游戏《植物大战僵尸》

图8-14　竞速类游戏《跑跑卡丁车》

图8-15　体育类游戏《NBA》

图8-16 音乐类游戏《劲舞团》

按照不同的分类方法还可以分出很多类型的游戏，现今各种游戏层出不穷，还会有更多优秀、好玩的游戏不断进入大众视野。

8.2 游戏UI的独特性

早期的游戏 UI 设计包含两方面的内容，即硬件界面和软件界面。比如，游戏手柄的操作逻辑、鼠标和键盘的操作属于硬件界面；而游戏画面的美观、视觉上的冲击感受、视觉和功能的切换等属于软件界面。本节着重讨论游戏 UI 的用户软件操作界面。

操作界面的功能是引导用户或玩家进行更流畅的操作，大多数界面承载的是其内容，而游戏 UI 承载的是内容和玩法。游戏 UI 设计与其他类型的 UI 设计有许多相似的地方，但因游戏本身的特点也决定了其具有独特性。

8.2.1 视觉风格

一般的界面用户更注重功能实现的快捷与否，而游戏玩家还希望能够获得更多感官上的享受。一个舒适、美观的游戏 UI 能给用户带来愉悦的感受，能增强用户的黏度。玩家是一款游戏 UI 设计好坏的最佳判断者，他们对视觉和创意的要求比一般的界面用户更为挑剔。

游戏 UI 必须结合游戏本身的风格进行设计，所以在视觉层面上与其他类型的 UI 设计相比，其自由度相对没那么高。游戏 UI 需要在已有游戏美术范围内做设计，相对于其他类型的界面，对设计者的设计能力和美术理解能力的要求也更高，如图 8-17 所示。

图8-17 《纪念碑谷》游戏界面

8.2.2 互动感受

界面不仅仅考虑视觉层面的效果，还需要兼顾逻辑层面的交互与功能。与其他界面相比，游戏界面需要多考虑玩法的表现，此时不仅仅需要一个美观、表意明确的游戏 UI，还必须做到表现形式与游戏玩法的相互结合。例如，游戏 UI 中的按钮排布、大小等都要考虑人体工程学，让用户在操控按钮控件时实现切换流程无障碍，不影响游戏的正常进行。用户体验是一款游戏能否成功的关键。

8.2.3 复杂性

由于游戏本身逻辑的复杂性 (大型游戏的界面数量一般会多达上百个)，因此在视觉、逻辑和数量上都比其他类型的 UI 设计要复杂得多，这是 UI 设计领域中一个非常重要的部分，如图 8-18 所示。

图8-18 复杂的游戏界面

8.3 游戏UI的职能

在游戏领域，玩家与游戏的沟通是通过界面 (即游戏 UI) 这一媒介实现的，它是玩家与游戏进行沟通的桥梁。虽然每款游戏有很多界面，但 UI 设计的职能大致可以归纳为以下几类。

8.3.1 实现功能切换

游戏 UI 首先应具有 UI 最基本的性能，即功能性与使用性。玩家可通过游戏库、地图、游戏设置界面等对游戏中各个环节、功能进行选择，实现游戏视觉和功能的切换，并对游戏角色和进程进行控制。游戏 UI 不仅在游戏与游戏参与者之间建立了某种联系，同时也可将众多游戏者以一种特殊的方式联系起来，如图 8-19 所示。

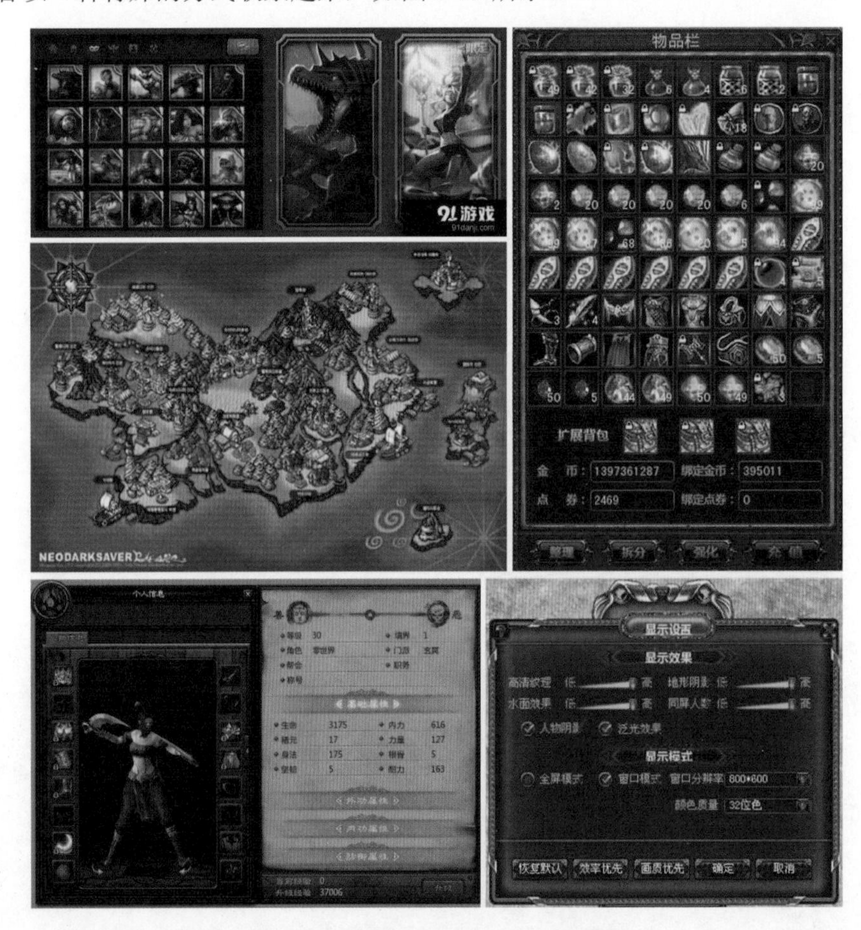

图8-19 游戏视觉和功能的切换界面

8.3.2 实现反馈交流

游戏 UI 存在的主要意义就是为了实现游戏参与者与游戏之间的交流，这里的交流包括玩家对游戏的控制，以及游戏给玩家提供的信息反馈。简而言之，游戏 UI 的首要功能是实现控制与反馈。玩家沉浸在游戏世界时，游戏必须及时告诉玩家游戏世界中正在发生的事情、玩家将面临的状况、得分情况、是否已经完成游戏目标等。游戏 UI 信息反馈的目的之一是让玩家了解游戏进程，以便调整游戏策略。此外，一个成功的游戏 UI 会利用反馈功能帮助玩家快速了解游戏规则、剧情、环境及操作方式等。可以说，没有反馈和控制就没有游戏，界面的交互是游戏区别于电影或其他媒体的最大特征，如图 8-20 所示。

图8-20 游戏反馈的界面

8.3.3 实现沉浸式体验

每款游戏在设计开发过程中，烘托强烈的游戏氛围、创造游戏的沉浸感都是其重要目标，游戏设计者希望游戏玩家能够在游戏开始的那一刻就完全被游戏世界所吸引，全身心地投入游戏并达到忘我的境界。游戏 UI 通过对色彩、图形、声音等元素的应用，使容易打破游戏完整体验的界面尽可能地隐于游戏世界中，辅助整个游戏，烘托游戏所要传达的情感，进入“心流”境界，让游戏玩家在不知不觉中更加自然地操控游戏世界中的各种元素。游戏过程中，是通过游戏 UI 进行交互，利用情感表达将游戏玩家与游戏之间的虚拟关系变得更加真实，如图 8-21 所示。

游戏 UI 的首要目标就是完成其功能属性，次要目标是追求界面的情感属性。玩家与游戏之间的交互是通过游戏界面进行的，最终达到满足玩家体验快感的目的。

图8-21　沉浸式体验的界面

8.4 游戏UI设计前期工作

设计游戏界面的流程和设计其他界面的流程基本一致，在这里特别说明一下游戏 UI 设计的前期工作。

8.4.1 明确游戏的世界观

判断一款游戏 UI 的好与坏，不仅要依靠视觉，还要根据游戏 UI 元素与游戏世界观是否贴切来判断。

什么是游戏的世界观呢？游戏的世界观告诉我们，这个游戏是什么样式、游戏矛盾是什么，以及游戏发生的背景是什么。在一个游戏中几乎所有的元素都是世界观的组成部分。设计师在设计游戏之初，都会为游戏构建一些规则、添加一些元素。有些游戏的世界观表现得比较完整 (如《魔兽世界》)，也有一些表现得比较简单 (如图 8-22 所示的《鳄鱼洗澡》)。

《鳄鱼洗澡》游戏营造了一个小小的世界：坏鳄鱼破坏了小鳄鱼的水管，玩家想办法帮小鳄鱼运水洗澡。

在设计游戏界面之前，只有认真了解此款游戏的世界观、故事背景、剧情和矛盾，才能有效地寻找相关的素材，提炼相关的视觉元素。例如，需要设计一款历史类游戏 UI 时，首先需要了解年代的历史背景、那个年代的物质生活条件、科学技术的发展等，这样才有清晰准确的目的和方向去提炼设计元素。

图8-22 游戏《鳄鱼洗澡》

8.4.2 明确游戏的整体风格

游戏 UI 的设计风格并不是由 UI 设计师决定的，它取决于这个游戏的原画设定。UI 设计师基本上是按照已有的游戏原画风格去设计游戏 UI，多变的风格要求设计师必须具备扎实的设计能力和灵活的应变能力。

1. 超写实风格

超写实风格类的游戏画面真实感很强，游戏场景细节表现细腻。为了避免过多的视觉信息干扰，通常会把游戏 UI 设计得简洁通透，几乎让玩家感受不到游戏 UI 的存在，仿佛置身于游戏场景之中，如图 8-23 所示。

图8-23 超写实风格的游戏画面

2. 涂鸦风格

涂鸦风格类游戏画面以涂鸦的效果为主，画面轻松而自然，能让玩家在游戏中回味童年。这类游戏 UI 通常采取看似笨拙的涂鸦风格，与游戏内容保持一致。图 8-24 所示的《孤独之战》就是具有涂鸦风格的游戏作品。

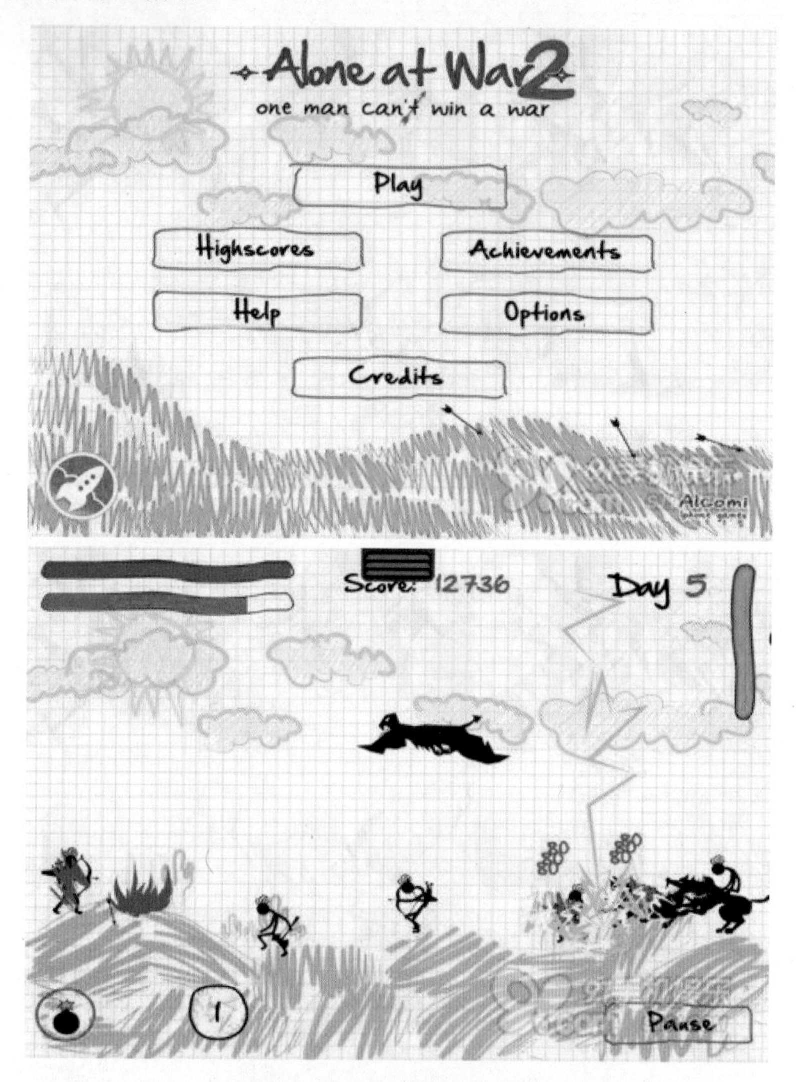

图8-24　涂鸦风格的游戏画面

3. 暗黑风格

暗黑风格的西方魔幻类游戏画面色调较暗，局部有绚丽的光线，给玩家营造出一个魔幻的世界。这类游戏 UI 通常用大花纹装饰，用厚重的金属框体、破旧的木板和羊皮纸作为设计元素，以增强游戏的带入感，如图 8-25 所示。

4. 卡通风格

卡通风格类游戏画面轻松活泼，常常使用鲜艳亮丽的色彩加以装饰。在轻松活泼的气氛中，这种风格的游戏 UI 的形式和颜色相对比较自由，设计师可以更自由地发挥想象力，如图 8-26 所示。

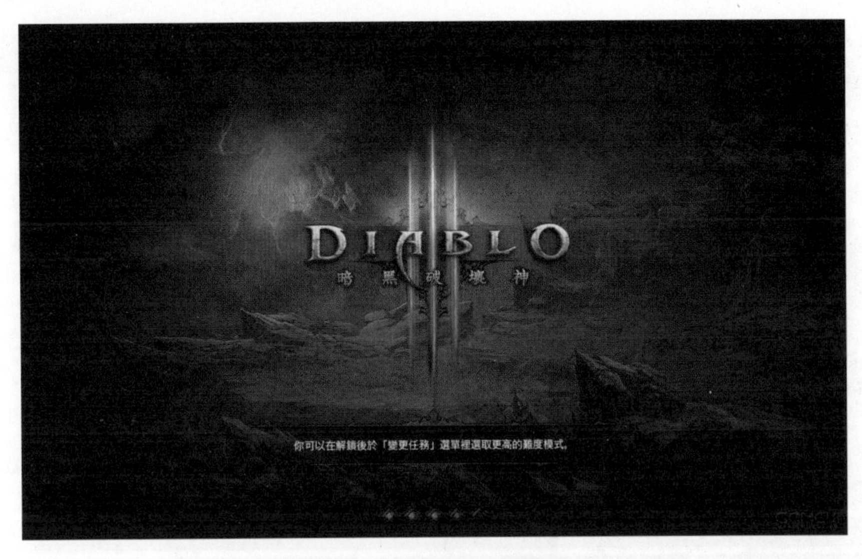

图8-25　暗黑风格的游戏画面

图8-26　卡通风格的游戏画面

8.5 游戏UI设计原则

8.5.1 统一性原则

界面在任务、信息表达、界面控制等方面与用户熟悉的模式应尽量保持一致。在同一款网页游戏中，所有的菜单选项、对话框、用户输入框、信息显示和其他功能界面均需要保持统一的风格。统一的设计风格能够让玩家根据以往经验的积累加快对游戏本身的认知，增强游戏 UI 的易学习性和易用性，如图 8-27 所示。

图8-27　《神庙逃亡2》的游戏UI

1. 界面布局的一致性

从进入游戏的主画面到详细的对话框的设计风格，以及游戏中各种控件的排列方式、位置等，在整个游戏的所有界面中都要尽可能地保持一致。

2. 操作方法的一致性

游戏界面中的响应控制设备，如键盘中的 Enter 键、Esc 键、鼠标等操作方法的定义应该尽可能地与操作系统中的定义一致，如 Enter 键对应“确认”操作、Esc 键对应“取消”操作等。

3. 语言描述的一致性

游戏 UI 中的项目名称、功能名称、提示语句、错误信息等的信息描述方式和表现效果要统一，与游戏中的相关术语应尽量保持一致。

4. 风格的一致性

现在的游戏多是跨平台式游戏，同一款游戏可能会有 PC 版、手游版、网页版等不同的版本，这就要求同款游戏在不同平台上保持界面风格统一，这也是对游戏 UI 设计兼容性的一种重要考验。

8.5.2　易用性原则

易用就是要方便用户操控游戏。界面直观、功能明确、操作简单、状态明了，只有这样的游戏，玩家才能更容易操控。界面应尽量精简，避免有太多的按钮和菜单，过于华丽的修饰也会干扰玩家的注意力。界面中应尽量采用形象化的图标和图像，尽量提供充分的提醒信息和帮助信息，如图 8-28 所示。

图8-28　简洁易用的游戏UI

8.5.3　习惯与认知原则

游戏在操作上的难易程度尽量不要超出大部分游戏玩家的认知范围，并且要考虑大部分游戏玩家与游戏互动的习惯。不同的游戏人群拥有不同的年龄特点和时代背景，所接触的游戏也大不相同，这就要求游戏设计师提前明确目标人群，对他们可能玩过的游戏进行统一整理，分析并构建符合他们认知习惯的界面认知系统，操作设计尽量与同类型的游戏保持一致性或相似性，如图 8-29 所示。

图8-29　《麻将》的游戏UI

8.5.4　容错性原则

游戏 UI 要足够友善，以防止出现退出游戏而没有存档、创意游戏失败之类的错误，这就要求界面具有很好的容错性。

1. 重要的操作提醒

玩家在进行一些重大操作时，界面要及时提醒用户可能引起的后果，比如弹出退出对话框或存档对话框等。

2. 自动纠正玩家错误

对游戏玩家的错误操作进行自动更正。

3. 操作完整性检查

检查玩家操作的完整性，防止玩家因疏忽遗漏必要的操作步骤。

8.5.5　及时信息反馈原则

信息反馈是指游戏用户对游戏 UI 进行操作后从游戏本身得到的信息，表示游戏系统本身对用户操作的反应。如果游戏本身没有反馈，玩家就无法判断他的操作是不是为游戏本身所接受，操作是否正确，是否应该进行下一步操作。在对网页游戏 UI 进行设计时，应该对玩家的操作做出及时的反应，给出反馈信息。例如，玩家操作按钮时应出现相应的变化，用户输入不正确的命令或参数时系统应立即发出警告的声音等。如果某种操作需要较长时间(超过 3 s)时，就要告诉玩家请求正在被处理，旋转沙漏的鼠标形状或进度条是比较好的表现形式。

目前，人们非常重要的休闲娱乐方式是玩游戏，各种类型的游戏层出不穷，而一款游戏是否成功，其 UI 设计起着至关重要的作用。出色的游戏 UI 设计，不仅漂亮、美观，而且能够使玩家产生很强的代入感和沉浸感。

8.6 手游UI设计的限制

虽然游戏 UI 设计基本遵循 UI 设计的一般性规律和原则，但由于手机游戏设备的特殊性，所以以下对手机游戏 UI 设计其他设备游戏中受到的限制进行说明。

目前，市面上的手游设备都是基于智能手机，能够联网进行多人游戏，其互动性比单机游戏强，但是其自身缺点也很突出。

8.6.1 尺寸限制

小尺寸屏幕对游戏中的各种用户都会带来不好的体验，受到手机尺寸的限制，游戏 UI 更应该遵循精简易用性原则，不给玩家在识别与操作上带来太大的负担，如图 8-30 所示。

图8-30　手机游戏UI

8.6.2 性能限制

游戏运行受 CPU、内存的影响较大，如果在手机上运行较大的游戏，会出现游戏画面被卡死的现象，这是由于手机硬件本身的限制所导致的。CPU、内存的局限，也会制约手机游戏的开发。

8.6.3 分辨率限制

目前，虽然手机屏幕的分辨率越来较高，但是还有许多分辨率并不高的手机，多版本的分辨率使手机游戏开发仍然具有一定的难度。

8.6.4 音效限制

在音效方面，手机游戏和专业音响设备相比还有很大的差距，这会让玩家在游戏时体验不到更好的听觉享受。

8.6.5 操控限制

PC 游戏、体感游戏等因具备许多的辅助操作设备，其操作手感比较舒适，有更好的用户体验。对于手机游戏而言，虽然现在市面上出现了很多辅助操作设备，但在实际的操作体验上仍有所欠缺，如图 8-31 所示。

图8-31 手机游戏的辅助操作设备

8.6.6 沉浸式体验限制

其他设备的游戏，玩家可以长时间不受干扰地沉浸在游戏世界中。而手游玩家正在游戏时，突然接听了一个电话就会中断游戏。设计手机游戏时要尽量考虑到这些干扰性因素，在后台替用户继续保留当前的游戏进度，而不是继续运行游戏或未存档退出。

8.7 手游UI设计注意事项

8.7.1 更高的易用性

手机受尺寸的影响，操作的精确度较低。比如，玩家的大拇指在 480×640 px 分辨率上热感应区域是 44×44 px，食指感应区是 24×24 px，这就要求在设计相关功能按钮时要考虑是否有足够的空间。一般 PC 游戏的玩家基本上拥有大段可以自由支配的时间，坐在一个固定的位置上；而手机游戏玩家大多数都是利用碎片的、零散的时间，游戏的间断性也比较高。在设计手机游戏 UI 的时候，设计师需要为玩家考虑的东西更多、更贴切，游戏 UI 设计得更精简、直观。例如，用户通常的游戏环境 (等公交、上厕所、排队)、使用习惯 (需要双手操作还是单手操作)、信息识别性 (图形不宜过于复杂和隐喻，因为玩家本身游戏时间可能并不长，如果还要让玩家花很长时间去找相应的命令菜单，本身就是不合理的设计)。

8.7.2 更及时的反馈

智能手机游戏的 UI 设计不同于网页游戏的 UI 设计，在智能手机上游戏 UI 的切换细节很容易被玩家注意到。在手机游戏界面中切换，如果时间太久，会让人感觉游戏枯燥乏味；

但是界面过于花哨，又会让设计的重心走偏。所以，在手机游戏 UI 的切换处理上，应该尽量简洁、流畅，给玩家一种整体感，并且要及时反馈操作状态。

8.7.3 更多样化的操作控制

设计手机游戏 UI 时，从一开始就应该充分考虑智能手机的特殊性，多使用触控、重力感应和陀螺仪等技术，实现多点触控、倾斜和摇一摇等功能，并且充分利用这些控制方式使用户感受到绝佳的操作体验。可以在游戏中实现更多操作 (见图 8-32)，一旦实现了操作目标，用户会觉得很自然并有成就感。同时，让用户轻松上手的控制风格，能够使手游更受欢迎。

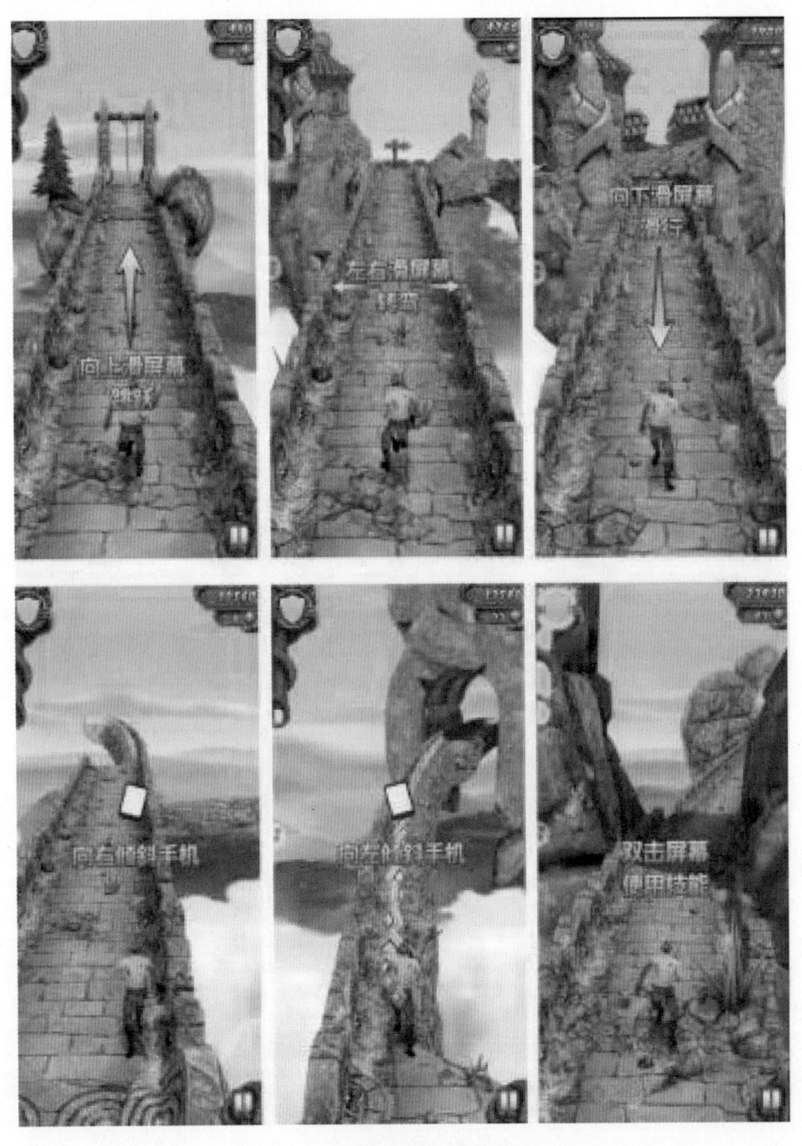

图8-32 游戏里的各种操作

UI 设计项目案例

一般来说，UI 产品项目流程可分为前期调研、中期制作和后期维护三个阶段。前期需要先分析该产品处于哪个生命周期，然后调研市场，找准定位，明确设计目标，确定风格。中期进行流程图、原型图、图标设计和高保真图制作，这些流程并不是单线进行的。在每个环节都只有进行反复修改才能确定 1.0 版，经过后期的测试和收集用户反馈信息修改成 2.0 版本。后期通过产品维护和用户反馈进入下一个生命周期。下面以图 9-1 所示的“找到你”App 为例进行项目流程展示。

图9-1　设计流程

9.1 “找到你”App产品定位

9.1.1 行业背景

生活中总会丢失一些重要的东西。丢“物”事小，丢“人”的后果就不堪设想了。时刻防丢的概念除了在我们的思维中根深蒂固，还必须通过一些手段来防范这个问题。虽然市面上也有像提醒电子防丢器这样的产品，但是其功能性和便利性还是不太能满足用户的需求。这类应用产品拥有非常广阔的发展前景，找到关键之匙就能给无数丢三落四的人带来福音。

9.1.2 调研手段

通过问卷调研、访谈调研等手段。下面是调研问卷，如图 9-2 所示。

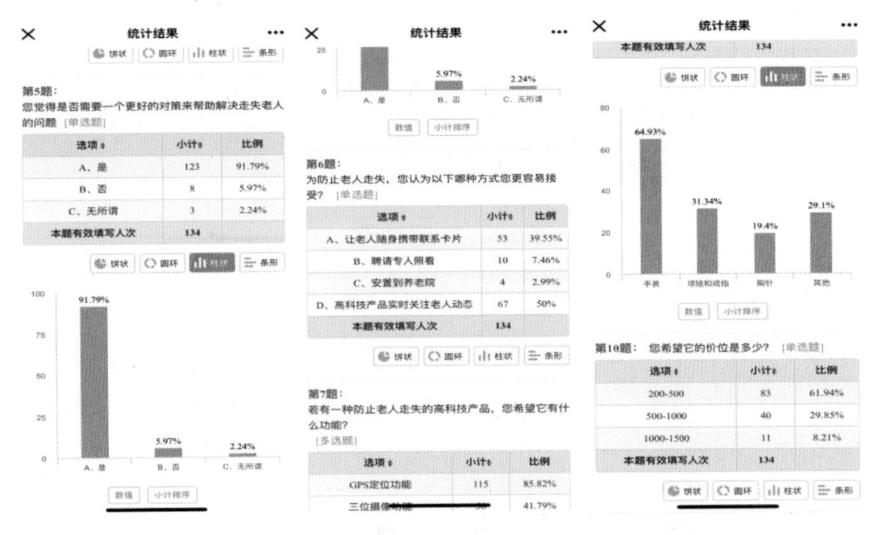

图9-2　问卷调查

9.1.3 用户需求

根据调查进行总结，由于城市人口增加，城市建设步伐加快，城市变得越来越复杂，社会上的走失、丢失现象不断增加，特别是在一些商场、地铁站、火车站等人口稠密的地方，连成年人有时都分不清方向，更别说孩子和老人了。现阶段，儿童、老人走失现象频发已经成为许多家庭的难题。调查还发现，宠物走失、物品遗失在公共场所等现象就更加普遍，寻找起来很麻烦，找到的概率也不高，主要是因为有信息壁垒，此时需要一个能发布寻物和招领信息的平台。所以，相关应用产品拥有非常广阔的发展前景，找到关键之匙就能给无数丢三落四的人带来福音。

人们需要一款功能性 App，以帮助他们最大化地解决生活中遇到的丢失问题。为了消除这种烦恼，防止用户财产的损失它应该具有防丢定位、丢失报警，帮助他人找回老人、小孩或宠物、失物等多种功能，同时能为用户发布寻人、寻物信息向用户推动安全知识等核心功能。

9.1.4 定位分析

品　　名：找到你。

产品周期：启动阶段。

使用终端：目前以移动终端 App 为主，未来可向 web 扩展。

目标用户：有儿童的父母，有高龄老人的子女，爱宠人士，丢物还物人群。

用户需求：降低丢失物品找回难度，线上好友学习交流，减少丢失现象发生。

主要功能：与穿戴设备关联，精准定位，即时沟通；发布丢失和招领信息。

产品特色：提升自身警惕性，增强社会责任感，激发内心真善美。

关键词汇：定位、学习、寻找、帮助、防止。

产品分析如图 9-3 所示。

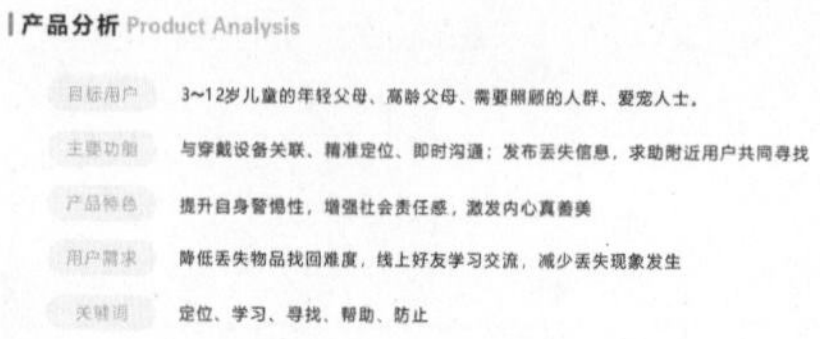

产品分析 Product Analysis

目标用户	3~12岁儿童的年轻父母、高龄父母、需要照顾的人群、爱宠人士。
主要功能	与穿戴设备关联、精准定位、即时沟通；发布丢失信息，求助附近用户共同寻找
产品特色	提升自身警惕性，增强社会责任感，激发内心真善美
用户需求	降低丢失物品找回难度，线上好友学习交流，减少丢失现象发生
关键词	定位、学习、寻找、帮助、防止

图9-3　产品分析图

9.1.5　建立人物角色与情境

人物角色和情境根据需求可建立多个，这里篇幅有限，只展示一部分内容，如图 9-4 和图 9-5 所示。

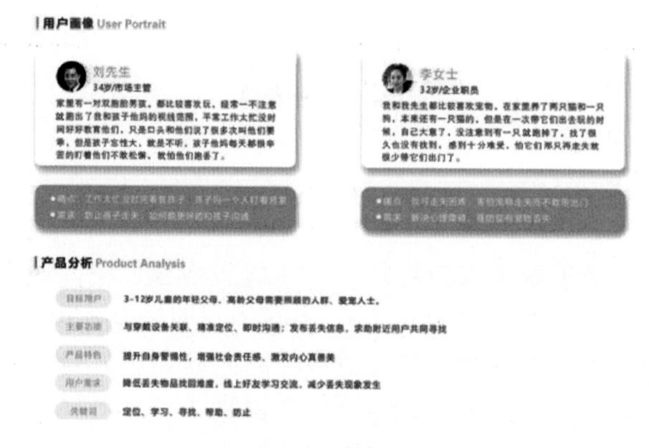

图9-4　人物角色

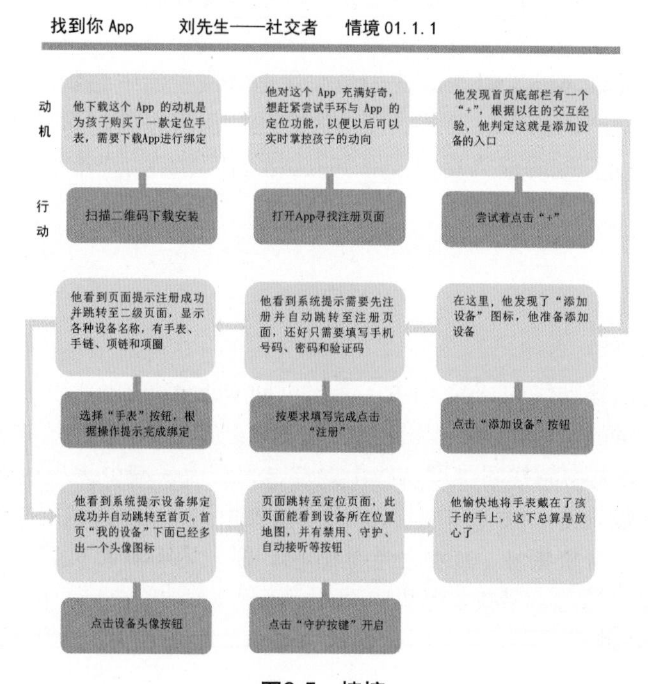

图9-5　情境

9.2 交互设计

9.2.1 产品框架

“找到你”App 是一款具有寻人、寻物和失物招领，以及预防走失功能的应用软件产品。它也是围绕目标用户的需求，根据产品人物角色的使用习惯和功能需求，构建的产品框架，如图 9-6 所示。

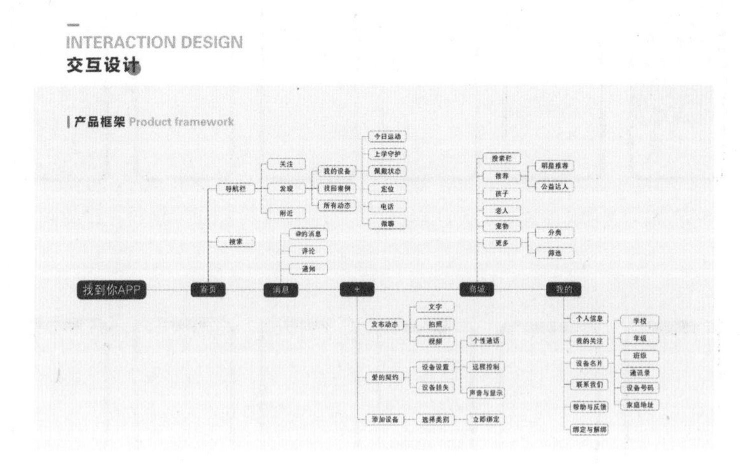

图9-6 交互设计图

9.2.2 低保真原型图设计

根据产品架构建立的低保真原型图，如图 9-7 和图 9-8 所示。

图9-7 低保真原型图1

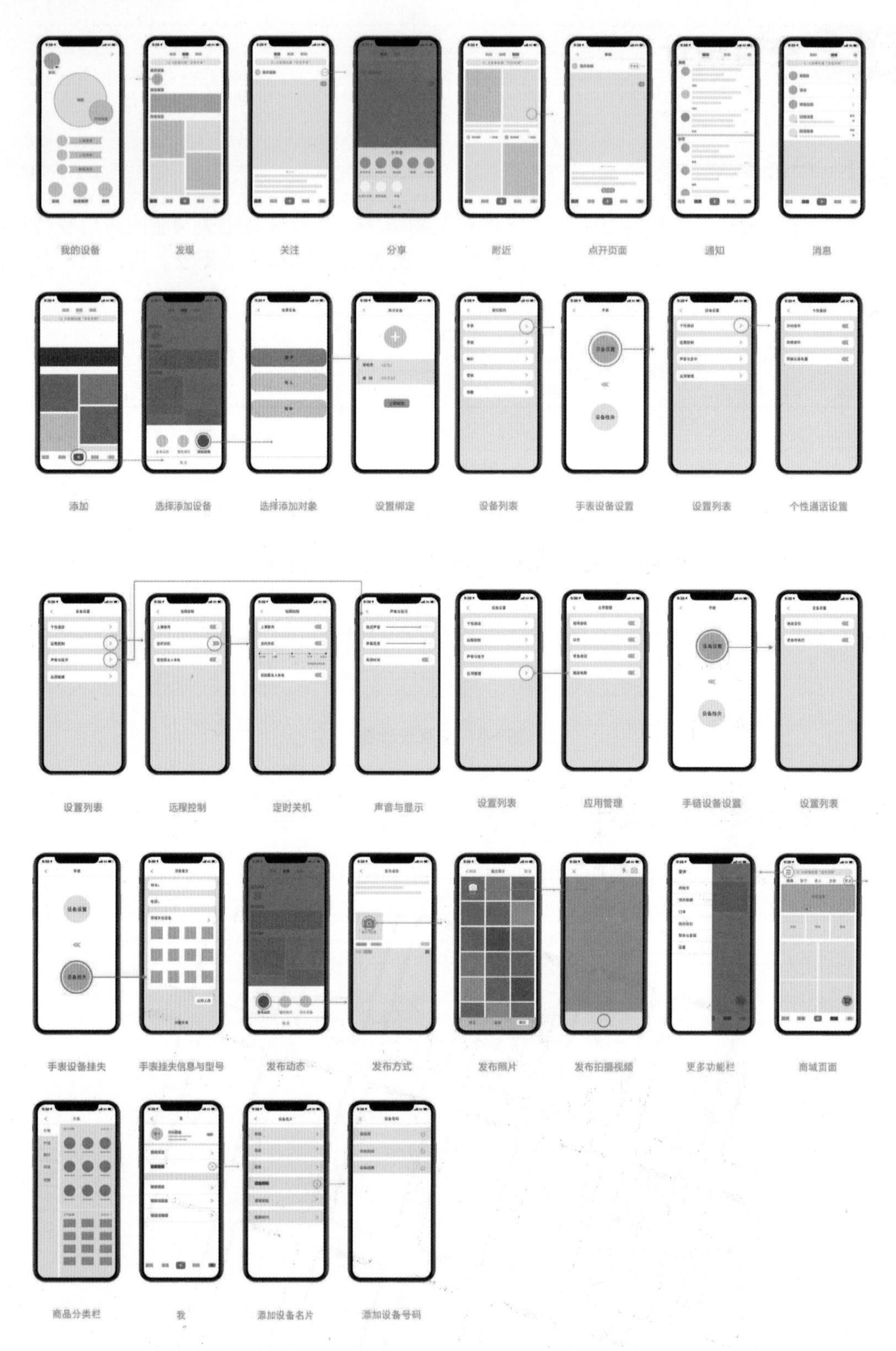
我的设备
发现
关注
分享
附近
点开页面
通知
消息
添加
选择添加设备
选择添加对象
设置绑定
设备列表
手表设备设置
设置列表
个性通话设置
设置列表
远程控制
定时关机
声音与显示
设置列表
应用管理
手链设备设置
设置列表
手表设备挂失
手表挂失信息与型号
发布动态
发布方式
发布照片
发布拍摄视频
更多功能栏
商城页面
商品分类栏
我
添加设备名片
添加设备号码

图9-8　低保真原型图2

9.3 视觉设计

通过产品调性、行业属性以及用户群体属性，提取关键词，可以确定设计风格。提取的视觉关键词有寻找、帮助、温暖、学习等。

9.3.1 标志设计

“找到你” App 的标志，由一个笑脸和观看望远镜的动作构成。它运用简笔画的手法，直观地向用户传达 App 的用途；卡通的笑脸，能让用户降低焦虑，感到更亲切；远望镜上的星星代表丢失的东西，比喻像在天上寻找星星那样难。两者结合，则向用户表达运用这个 App，就像拥有了望远镜，可以大大降低寻找难度，使用户不再深陷丢失东西的焦虑中。标志设计过程如图 9-9 所示。

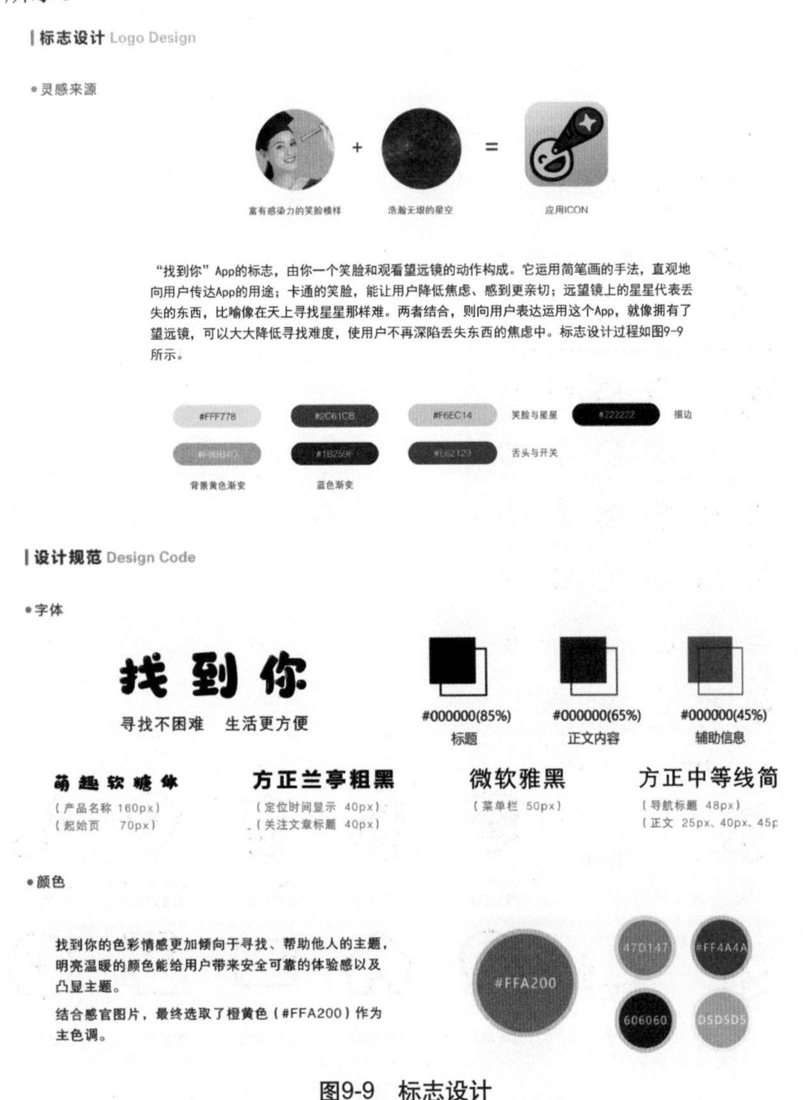

图9-9　标志设计

9.3.2 图标设计

页面通用图标要统一笔画粗细、圆角弧度以及视觉比重，使图标更具识别性，3 px 的描边可使图标在手机屏幕上显示得更清晰，如图 9-10 所示。

图9-10　图标设计

不同状态图标与切图图标如图 9-11 所示。

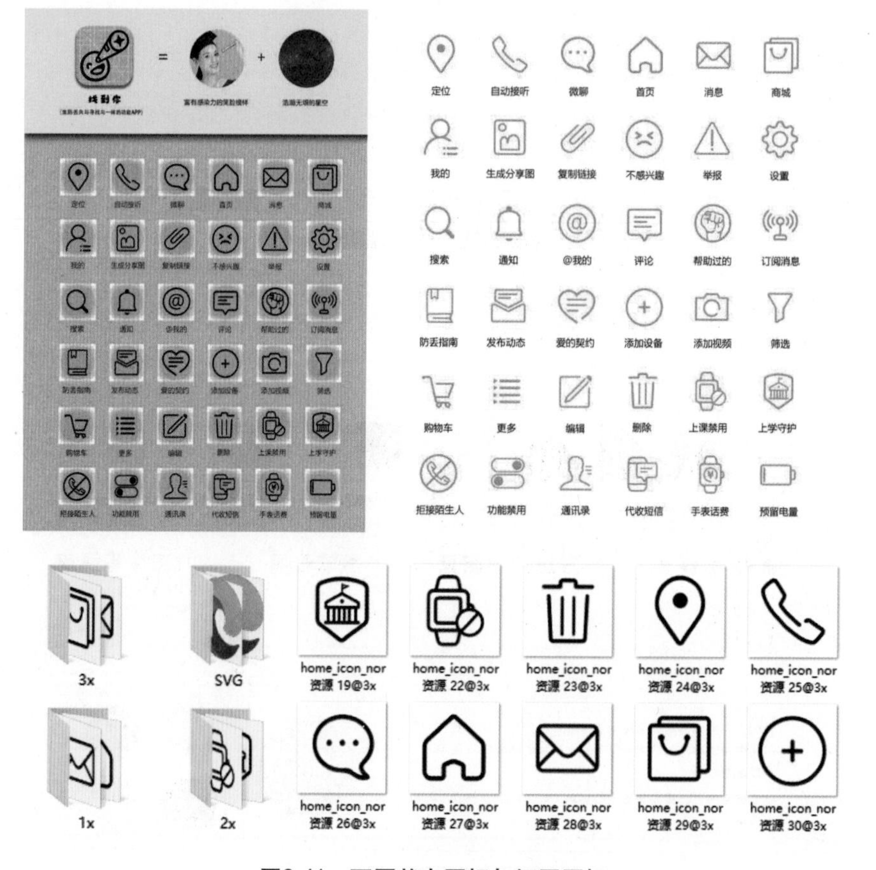

图9-11　不同状态图标与切图图标

9.3.3 高保真原型图设计

1. 欢迎页面与引导页面

图 9-12 所示的欢迎页面能吸引用户的注意力，缓解等待 App 启动时带来的无聊感，以提升用户体验。

图9-12 欢迎页面

引导页面提供了 App 功能亮点，配合情感化插图，能让用户更快捷地理解产品定位，如图 9-13 所示。

图9-13 引导页面

2. “登录”和“注册”界面

登录与注册界面应选择暖色调为背景色，将降低明度的橙黄色作为关键点击区，这样能显得更有亲和力，加深用户对产品的色彩认知，如图 9-14 所示。

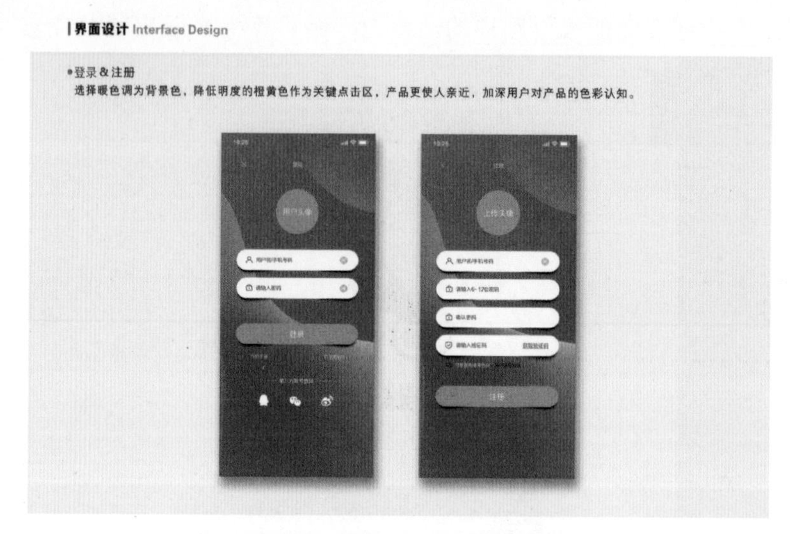

图9-14 “登录”和“注册”界面

3. “首页”界面

首页是最核心和重要的区域，顶部设置快速入口可以让用户迅速找到所需功能，简化操作步骤，如图 9-15 所示。

图9-15 “首页”界面

在“我的设备”中点击“头像”，即可进入实时监控页面，在此可以了解孩子、老人或宠物信息；“首页”→“关注”中可快速了解已关注用户的最新动态；“首页”→“附近”中可了解周围用户动态，当发生丢失问题时，可及时发布信息，求助附近的人，如图 9-16 所示。

图9-16 “我的设备”界面

4. “消息”界面与“+”二级界面

用户进入“消息”界面后，可点击次级分化按钮细化自己的体验方向。“消息”界面保持一贯的简约风格，能将各类信息归纳提炼，使用户在短时间内获取需要的信息，如图 9-17 所示。

图9-17 “消息”界面

在二级界面可发布动态，出现走失问题，可共享实时位置，求助附近的用户；在“爱的契约”界面可对孩子佩戴设备进行更多设置；在添加设备界面，可根据个人喜好，选择多种定位设备，如图 9-18 所示。

5. “商城”和“我的”界面

“商城”界面顶部的搜索栏，能帮助用户快速找到需要的产品；推荐栏针对不同需求，细分出目标商品；Banner 窗口用于推送最新和热卖产品，吸引更多用户群体。“我的”页面包括个人信息和“我的关注”“收藏”“动态”以及更多信息，如图 9-19 所示。

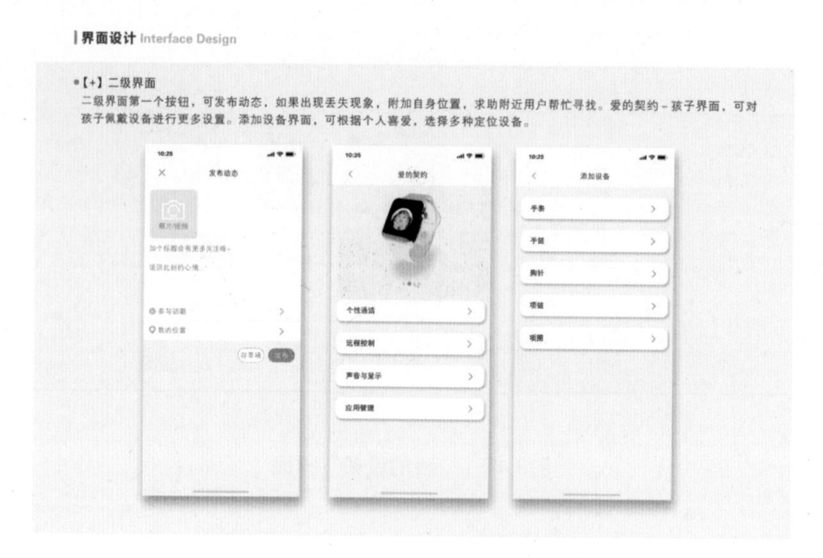

图9-18　“消息”界面的二级界面

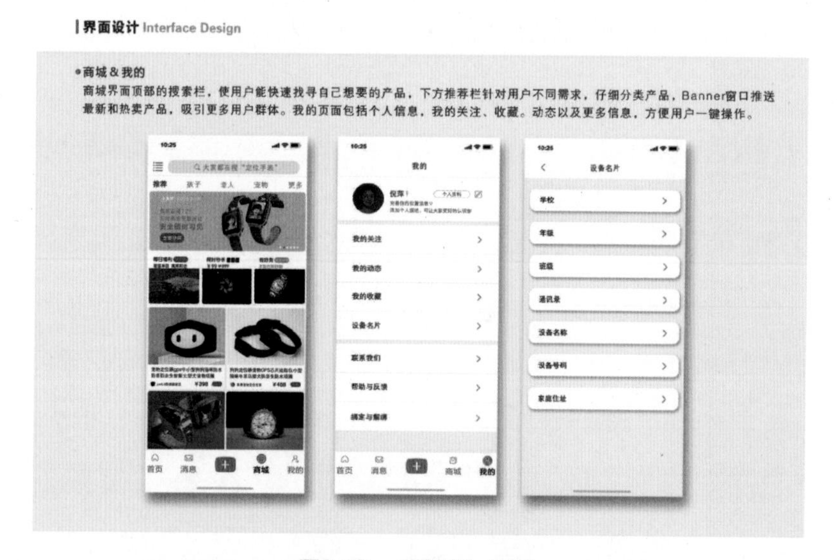

图9-19　“商城”界面

9.4　后期测试与维护

9.4.1　项目评审与测试

在界面高保真原型设计完成之后，就应当组织人员对该原型进行评审。评审主要靠视察和讨论发现问题，并不需要运行软件。这个环节既可以加深对需求的理解，又可以在编程之前改善用户界面原型，让开发团队少走弯路，提高软件开发效率。

高保真原型图修改完成之后，就可以进行切图并交给开发人员。只要软件的某些模块可以运行，就要及时进行相应的用户界面测试。由于测试的对象是真实的软件，而不是原型，所以测试比评审更加深入完备。只有软件通过了开发方和客户方的测试，才可以交付给客户使用，如图 9-20 所示。

图9-20 软件测试

评审和测试用户界面的目的是及时发现并弥补用户界面中的缺陷。评审和测试都是提高用户界面质量的有效手段。

推荐一个如表 9-1 所示的用户界面评审测试检查表，它从 13 个 UI 设计原则、重要程度以及各要素检查项来进行 UI 设计的质量检查。它明确了需要检查的问题并给出了评判依据，提高了工作效率。

表9-1 用户界面评审测试检查表

设计原则	重要性	检查要素项	作用	检查结果
合适性	非常重要	• 用户界面是否与软件的功能匹配？ • 用户界面是否适合于用户的应用环境？ 说明：评测是否定的，意味着用户不能有效地使用这款软件。这种缺陷是需求分析错误造成的，是不可原谅的缺陷	评审 测试	

续表

设计原则	重要性	检查要素项	作用	检查结果
易理解	非常重要	• 界面元素有错别字，或者措辞含糊，逻辑混乱。 说明：如果出现如此低级的缺陷，说明开发人员根本没有把用户界面放在心上，用户很反感这种不敬业的态度，是不可原谅的缺陷	评审 测试	
防错处理	非常重要	• 执行破坏性的操作之前，是否获得用户的确认？ • 输入数据或者递交数据时，是否进行相应的提示。 • 对运行过程中因失误而出现错误的地方是否有提示，让用户明白错误出处，避免无限期的等待。 • 提示、警告或错误说明是否清楚、明了、恰当。 • 是否根据用户的权限自动隐藏或者禁用某些功能。 说明：测评如果是否定的，说明开发人员没有防错处理的常识，是不可原谅的缺陷。	测试	
易用性	重要	• 对于常用的功能，用户能否不必阅读手册就使用? • 是否所有界面元素都提供了充分而必要的提示？ • 界面结构和工作流程相匹配吗？ • 提供联机帮助吗？ • 菜单深度一般要求最多控制在3层以内。 • 工具栏、工具箱要具有可增减性，由用户自己根据需求定制。 • 将完成相同或相近功能的按钮框起来，常用按钮要支持快捷方式。 • 完成同一功能或任务的元素集中放置，减少鼠标移动的距离。 • 按功能将界面划分为局域块，用框括起来，并要有功能说明或标题。 • 界面要支持键盘自动浏览按钮功能，即按Tab键能自动切换。 • 界面上应首先输入的内容和重要的控件在Tab顺序中应当靠前，且放在窗口上较醒目的位置。同一界面上的控件数最好不超过10个，多于10个时可以考虑使用分页界面显示。 • 默认按钮要支持Enter操作，即按Enter后自动执行默认按钮的对应操作。 • Tab键的顺序与控件排列顺序要一致。目前流行总体从上到下，同时行间从左到右的方式。 • 可写控件检测到非法输入后应给出说明并能自动获得焦点。 • 复选框和选项框按选择概率的高低先后排列。 • 复选框和选项框要有默认选项，并支持Tab选择。选项数相同时多用选项框而不用下拉列表框。 • 界面空间较小时使用下拉框而不用选项框。 • 选项数较少时使用选项框，反之使用下拉列表框。 • 专业性强的软件要使用相关的专业术语，通用性界面则提倡使用通用性词语。 说明：如果实现上述要求，说明界面的细节做得很好	评审 测试	

续表

设计原则	重要性	检查要素项	作用	检查结果
及时反馈信息	重要	• 是否提供进度条、动画等反映正在进行的、比较耗时间的过程？ • 是否为重要的操作返回必要的结果信息？ 说明：如果测评是否定的，说明用户界面不够专业	测试	
一致性	重要	• 同类的界面元素是否有相同的视感和相同的操作方式？ • 是否符合广大用户使用同类软件的习惯？ • 完成相同或相近功能的菜单用横线隔开放在同一位置。 • 菜单前的图标能直观地表示要完成的操作。 • 相同或相近功能的工具栏放在一起。 • 右键快捷菜单采用与菜单相同的准则。 说明：如果测评是否定的，说明用户界面不够专业	评审 测试	
合理颜色	重要	• 界面的色调是否让人感到和谐、满意？ • 重要的对象是否用醒目的色彩表示？ • 色彩使用是否符合行业的习惯？ • 是否可以让色盲、色弱人员使用？ 说明：如果实现上述目标，说明界面的细节做得很好	评审 测试	
国际化	重要	• 度量单位、日期格式、人的名字等是否让用户误解？ • 翻译文字是否准确？是否符合读者习惯？	评审 测试	
最少步骤最高效率	重要	• 是否用合理的、最少的步骤实现常用的操作，获得高效率？ 说明：如果实现该目标，说明界面细节做得很好。	测试	
可复用	重要	• 用户界面的原型、代码、文档是否可以被复用？ 说明：如果实现该目标，说明软件的需求分析、设计、实现做得很好	开发团队内部评估	
个性化	可选	• 是否在具备必要的“一致性”的前提下，设计了与众不同的、让用户记忆深刻的界面？ 说明：如果实现该目标，说明界面很有创意	评审 测试	
合理布局	可选	• 界面的布局符合软件的功能逻辑吗？ • 界面元素是否在水平或者垂直方向对齐？ • 界面元素的尺寸是否合理？行、列的间距是否保持一致？ • 是否恰当地利用窗体和控件的空白，以及分割线条？ • 窗口切换、移动、改变大小时，界面正常吗？ • 重要的命令按钮与使用较频繁的按钮是否放在界面注目的位置？ • 错误使用容易引起界面退出或关闭的按钮是否放在了不易点击的位置(横排开头或横排最后与竖排最后为易点位置)？ 说明：如果测评是否定的，说明用户界面做得不够专业	评审 测试	

续表

设计原则	重要性	检查要素项	作用	检查结果
适应用户群体	可选	• 初学者和专家都有合适的方式操作这个界面吗？ • 色盲或者色弱的用户能正常使用该界面吗？ 说明：如果实现上述目标，说明界面的细节做得很好，体现了人文关怀	测试	

此表被广泛运用于移动 App、游戏、网站、软件等不同类型的 UI 设计审查中。

9.4.2 意见反馈与迭代

“找到你”App 项目案例属于产品生命周期的启动阶段，此时必须抓住核心问题，解决用户的痛点，快速搭建满足核心用户需求痛点的、相对完整的产品。此阶段通过筛选和征集可以找到足够多的目标用户，验证用户体验，获取用户的反馈、吐槽以及流失信息，围绕这些目标快速迭代产品，然后慢慢步入下一个生命周期。

参考文献

[1] 诺曼. 设计心理学3：情感化设计[M]. 梅琼，译. 北京：中信出版社，2012.

[2] COOPER A. 交互设计之路[M]. 丁全钢，译. 北京：电子工业出版社，2006.

[3] COOPER A，REIMANN R，CRONIN D. About Face 3交互设计精髓[M]. 刘松涛，等译. 北京：人民邮电出版社，2011.

[4] 林锐，唐勇，石志强. Web软件用户界面设计指南[M]. 北京：电子工业出版社，2005.

[5] 余振华. 术与道：移动应用UI设计必修课[M]. 北京：人民邮电出版社，2016.

[6] 马克・斯皮斯. 品牌交互化设计[M]. 柳闻雨，译. 北京：中国青年出版社，2017.

[7] 周徙. UI进化论：移动设备人机交互界面设计[M]. 北京：清华大学出版社，2010.

[8] 腾讯公司用户研究与体验设计部. 在你身边，为你设计：腾讯的用户体验设计之道[M]. 北京：电子工业出版社，2013.

[9] 刘津，李月. 破茧成蝶：用户体验设计师的成长之路[M]. 北京：人民邮电出版社，2020.

[10] 吕云翔，杨靖玥. UI设计：Web网站与APP用户界面设计教程[M]. 北京：清华出版社，2019.

[11] 常丽. 潮流：UI设计必修课[M]. 北京：人民邮电出版社，2015.

[12] 孙芳. APP UI设计手册[M]. 北京：清华大学出版社，2018.

[13] 杰西・詹姆斯・加勒特. 用户体验要素：以用户为中心的产品设计[M]. 范晓燕，译. 北京：机械工业出版社，2010.

[14] 克鲁格. 点石成金：访客至上的网页设计秘籍[M]. 北京：机械工业出版社，2013.

[15] WILLIAMS R. 写给大家看的设计书[M]. 4版. 苏金国，刘亮，译. 北京：人民邮电出版社，2009.

[16] 科尔伯恩. 简约至上交互式设计四策略[M]. 李松峰，秦绪文，译. 北京：人民邮电出版社，2011.

[17] 魏慎初. 如何成为优秀的用户体验设计师[M]. 北京：机械工业出版社，2017.

[18] 石云平，鲁晨，雷子昂. 用户体验与UI交互设计[M]. 北京：中国传媒大学出版社，2017.

[19] 詹姆斯. 卡尔巴赫. 用户体验可视化指南[M]. UXRen翻译组，译. 北京：人民邮电出版社，2018.

[20] 米勒. 用户体验方法[M]. 北京：中信出版社，2016.

[21] 娜塔莉・纳海. UI设计心理学[M]. 王尔笙，译. 北京：中国人民大学出版社，2019.